人民交通出版社"十三五"
高职高专土建类专业规划教材

园林绿化工程预算

主　编　吴　锐　　王俊松
副主编　何艺梦　　舒凌云
主　审　蒋晓燕

人民交通出版社股份有限公司
China Communications Press Co.,Ltd.

内 容 提 要

本教材共有五个章节,第一章为园林绿化工程预算概述,第二章为建筑安装工程费用项目组成,第三章为园林绿化工程定额计价,第四章为园林绿化工程清单计价,第五章为园林绿化工程案例指导。每个章节前面有知识要点和学习要求,每个章节的最后有课堂练习题和复习思考题。本教材含教学资源,扫描二维码即可了解资源内容。

本教材适用面广,既可作为高职、高专园林工程技术专业的教科书,也可作为工程造价等专业的参考书以及工程造价管理人员、企业管理人员学习工程预算的参考资料,还可作为园林工程预算的培训教材。

图书在版编目(CIP)数据

园林绿化工程预算 / 吴锐,王俊松主编. — 北京：
人民交通出版社股份有限公司,2017.3(2025.2重印)
ISBN 978-7-114-13648-1

Ⅰ. ①园… Ⅱ. ①吴… ②王… Ⅲ. ①园林—绿化—
建筑预算定额—教材 Ⅳ. ①TU986.3

中国版本图书馆 CIP 数据核字(2017)第 041536 号

书　　名	园林绿化工程预算
著 作 者	吴　锐　王俊松
责任编辑	陈力维
出版发行	人民交通出版社股份有限公司
地　　址	(100011)北京市朝阳区安定门外外馆斜街 3 号
网　　址	http://www.ccpcl.com.cn
销售电话	(010) 85285911
总 经 销	人民交通出版社股份有限公司发行部
经　　销	各地新华书店
印　　刷	北京科印技术咨询服务有限公司数码印刷分部
开　　本	787×1092　1/16
印　　张	15.75
字　　数	369 千
版　　次	2017 年 3 月　第 1 版
印　　次	2025 年 2 月　第 2 次印刷
书　　号	ISBN 978-7-114-13648-1
定　　价	38.00 元

(有印刷、装订质量问题的图书由本公司负责调换)

高职高专土建类专业规划教材编审委员会

主任委员

吴　泽（四川建筑职业技术学院）

副主任委员

赵　研（黑龙江建筑职业技术学院）　　危道军（湖北城市建设职业技术学院）　　袁建新（四川建筑职业技术学院）

王世新（山西建筑职业技术学院）　　申培轩（济南工程职业技术学院）　　王　强（北京工业职业技术学院）

许　元（浙江广厦建设职业技术学院）　　韩　敏（人民交通出版社股份有限公司）

土建施工类分专业委员会主任委员

赵　研（黑龙江建筑职业技术学院）

工程管理类分专业委员会主任委员

袁建新（四川建筑职业技术学院）

委员（以姓氏笔画为序）

丁春静（辽宁建筑职业学院）　　马守才（兰州工业学院）　　毛燕红（九州职业技术学院）

王　安（山东水利职业学院）　　王延该（湖北城市建设职业技术学院）王社欣（江西工业工程职业技术学院）

邓宗国（湖南城建职业技术学院）　　田恒久（山西建筑职业技术学院）　　边亚东（中原工学院）

刘志宏（江西城市学院）　　刘良军（石家庄铁道职业技术学院）　　刘晓敏（黄冈职业技术学院）

吕宏德（广州城市职业学院）　　朱玉春（河北建材职业技术学院）　　张学钢（陕西铁路工程职业技术学院）

李中秋（河北交通职业技术学院）　　李春亭（北京农业职业学院）　　宋岩丽（山西建筑职业技术学院）

肖伦斌（绵阳职业技术学院）　　陈年和（江苏建筑职业技术学院）　　侯洪涛（济南工程职业技术学院）

钟汉华（湖北水利水电职业技术学院）涂群岚（江西建设职业技术学院）　　郭起剑（江苏建筑职业技术学院）

郭朝英（甘肃工业职业技术学院）　　肖明和（济南工程职业技术学院）　　蒋晓燕（绍兴职业技术学院）

韩家宝（哈尔滨职业技术学院）　　蔡　东（广东建设职业技术学院）　　谭　平（北京京北职业技术学院）

顾问

杨嗣信（北京双圆工程咨询监理有限公司）　尹敏达（中国建筑金属结构协会）

杨军霞（北京城建集团）　　王全杰（北京广联达软件股份有限公司）

秘书处

邵　江（人民交通出版社股份有限公司）　　陈力维（人民交通出版社股份有限公司）

高职高专土建类专业规划教材出版说明

近年来我国职业教育蓬勃发展,教育教学改革不断深化,国家对职业教育的重视达到前所未有的高度。为了贯彻落实《国务院关于加快发展现代职业教育的决定》的精神,提高我国建设工程领域的职业教育水平,培育出适应新时期职业要求的高技术技能人才,人民交通出版社股份有限公司深入调研,周密组织,在全国高职高专教育土建类专业教学指导委员会的热情鼓励和悉心指导下,发起并组织了全国四十余所院校一大批骨干教师,编写出版本系列教材。

本套教材以《高等职业教育土建类专业教育标准和培养方案》为纲,结合专业建设、课程建设和教育教学改革成果,在广泛调查和研讨的基础上进行规划和展开编写工作,重点突出企业参与和实践能力、职业技能的培养,推进教材立体化开发,鼓励教材创新,教材组委会、编审委员会、编写与审稿人员全力以赴,为打造特色鲜明的优质教材做出了不懈努力,希望能够以此推动高职土建类专业的教材建设。

本系列教材已先后推出建筑工程技术、建设工程监理和工程造价三个土建类专业,共计六十余种主辅教材,随后将在全面推出土建大类中七类方向的全部专业教材的同时,对已出版的教材进行优化、修订,并开发相关数字资源。最终出版一套体系完整、特色鲜明、资源丰富的优秀高职高专土建类专业教材。

本系列教材适于高职高专院校、成人高校、继续教育学院和民办高校的土建类各专业学生使用,也可作为相关从业人员的培训教材。

人民交通出版社股份有限公司

2017 年 1 月

前 / 言

PREFACE

　　"园林绿化工程预算"是园林工程技术专业的主干课程。本教材是依据《建设工程工程量清单计价规范》(GB 50500—2013)编制而成的。

　　目前工程造价计价模式仍为定额计价模式和工程量清单计价模式并存。清单计价模式经过十多年的工程实践,已累积了一些经验,操作上也更成熟;定额计价和清单计价模式有着密不可分的联系。本教材分别介绍了两种模式下工程计量与计价的方法。

　　本教材以"理论知识以简明够用为度"为原则,重点突出案例部分,特点是图文并茂地介绍了园林绿化工程计量与计价的方法,特别适合初学者学习。教学内容通俗、易懂、实用。尤其是配套大量教学资源,可供读者自学,使用方便,也可以帮助学生生动直观地理解造价知识并学习实际操作方法,同时为教师提供了案例及修改增添工具,教师可以及时根据地方文件和自己授课的特点安排课时和授课内容。

　　全书由湖北城市建设职业技术学院吴锐、武汉职业技术学院王俊松担任主编,由技术员何艺梦、湖北城市建设职业技术学院舒凌云担任副主编,具体编写分工如下:舒凌云编写了第一章;王俊松编写了第二章、第三章、第四章,其中,湖北城市建设职业技术学院沈莉参编了第四章,技术员王京任参编了第四章的施工图;吴锐编写了第五章,何艺梦参编了第五章的施工图。本书由绍兴职业技术学院蒋晓燕主审。多媒体配套资源由吴锐任主编并制作脚本,何大胜任创意总监,何艺梦任副主编并参与制作。

　　本教材在编写的过程中得到了很多园林工程施工企业的设计人员和技术人员的大力支持与帮助,也参考了相关方面的著作和资料,在此向有关的作者和朋友表示真诚的感谢。

　　由于时间仓促、水平有限,不足之处在所难免,真诚希望广大读者提出宝贵意见,以便改正和完善。

扫一扫观看
教学动画

编　者
2017 年 1 月

目 录
CONTENTS

第一章
园林绿化工程预算概述

1. 园林绿化工程项目分解。

2. 园林绿化工程预算文件分类(投资估算、设计概算、施工图预算、施工预算、工程结算和竣工决算)。

3. 园林绿化工程在定额及清单计价模式下的计量与计价。

【学习要求】

1. 了解工程建设项目的相关内容。

2. 熟悉定额和清单计价模式下园林绿化工程计量与计价的含义。

3. 掌握园林绿化工程项目的分解层次和造价文件的分类。

第一节　园林绿化工程建设项目划分

工程项目建设实质上是指固定资产投资,主要包括房屋建筑工程、桥梁、隧道、公路、铁路、水坝、港口、码头、机场等土木工程。

工程建设项目应满足下列要求:

(1)技术上:在一个总体设计或初步设计范围内;

(2)构成上:由一个或几个相互关联的单位工程所组成;

(3)建设过程中:实行统一核算、统一管理。

一　工程建设项目包含的范围

工程项目建设是由为完成依法立项的新建、改建、扩建的各类工程(土木工程、建筑工程及安装工程等)而进行的、有起止日期的、必须达到规定要求的一组相互关联的受控活动组成的特定过程,包括策划、勘察、设计、采购、施工、试运行、竣工验收和移交等内容。

二 工程建设项目的分类

总体而言,工程建设项目可划分为两大类:一类是指投资建设用于以扩大生产能力或增加工程效益为主要目的的新建、扩建工程及有关工作;另一类是指投资建设用于对企、事业单位原有设施进行技术改造或固定资产更新,以及相应配套的辅助性生产、生活福利等工程和有关工作。

1. 工程建设项目按建设性质不同可分为新建项目、扩建项目、迁建项目、恢复项目和改建项目

(1)新建项目:一般是指从无到有,新开始建设的项目。包括新建的企、事业和行政单位及新建输电线路、铁路、公路、水库等独立工程。如,现有企、事业和行政单位的原有规模很小,经建设后,其新增的固定资产价值超过其原有固定资产价值(原值)三倍的项目。

(2)扩建项目:一般是指为扩大原有产品生产能力,在厂内或其他地点增建主要生产车间(或主要工程)、矿井、独立的生产线或总厂之下的分厂的企、事业单位和行政单位在原单位增建业务用房。如,学校增建教学用房,医院增建门诊部或病床用房,行政机关增建办公楼等属于扩建工程。

(3)迁建项目:是指为改变生产力布局或由于环境保护和安全生产的需要等原因而搬迁到另地建设的项目。在搬迁另地的建设过程中,其建设规模无论是维持原规模,还是扩大规模,都属于迁建工程。

(4)恢复项目:是指因自然灾害、战争等原因,使原有固定资产全部或部分报废,而又投资建设,进行恢复的项目。

在恢复建设过程中,不论其建设规模是按原规模恢复,还是在恢复的同时进行扩建,都属于恢复工程。

尚未建成投产或交付使用的单位,因自然灾害等原因毁坏后,仍按原设计进行重建的,不属于恢复工程。

尚未建成投产或交付使用的单位,因自然灾害等原因毁坏后,如按新的设计进行重建,应按其建设性质根据新的建设内容确定其属于什么工程类型。

(5)改建项目:一般是指现有企、事业单位为了提高产品质量、增加产品种类、促进产品升级换代、降低消耗和成本、加强资源综合利用和三废治理及劳保安全等,采用新技术、新工艺、新设备、新材料等对现有设施、工艺条件等进行技术改造和更新(包括相应配套的辅助性生产、生活设施建设)的项目。

企业为充分发挥现有的生产能力,进行填平补齐而增建不直接增加本单位主要产品生产能力的车间等也属于改建项目。

2. 工程建设项目按其在国民经济中的作用可划分为生产性建设项目和非生产性建设项目两大类

(1)生产性建设项目:指直接用于物质生产或直接为物质生产服务的项目,主要包括:工业项目(含矿业)、建筑业、地质资源勘探及与农林水相关的生产项目、运输邮电项目、商业和物资供应项目等。

(2)非生产性建设项目:指直接用于满足人民物质和文化生活需要的项目,主要包括:文教

卫生、科学研究、社会福利、公用事业建设、行政机关和团体办公用房建设等项目。

3.工程建设项目按建设过程可划分为筹建项目、在建项目、投产项目、收尾项目和停缓建项目

(1)筹建项目:指尚未开工,正在进行选址、规划、设计等施工前各项准备工作的建设项目。

(2)在建项目:指报告期内实际施工的建设项目,包括:报告期内新开工的项目、上期跨入报告期续建的项目、以前停建而在本期复工的项目、报告期施工并在报告期建成投产或停建的项目。

(3)投产项目:指报告期内按设计规定的内容,形成设计规定的生产能力(或效益)并投入使用的建设项目,包括部分投产项目和全部投产项目。

(4)收尾项目:指已经建成投产和已经组织验收,设计能力已全部建成,但还遗留少量尾工须继续进行扫尾的建设项目。

(5)停缓建项目:指根据现有人、财、物力和国民经济调整的要求,在计划期内停止或暂缓建设的项目。

三 工程建设项目的分解

工程建设项目是指在一个场地或几个场地上按一个总体设计进行施工的各类房屋建筑、土木工程、设备安装、管道、线路敷设、装饰装修等固定资产投资的新建、改建、扩建等各个单项工程的总和。其特征是每一个建设项目都编制有设计任务书、独立的总体设计、独立的组织施工、独立的经济核算,建设单位在行政上具有独立的组织形式和法人资格。工程建设项目包含四个层次:单项工程、单位工程、分部工程和分项工程。

1.单项工程

工程建设项目首先分解为单项工程,一个或几个单项工程构成建设项目。单项工程是指在一个建设项目中,具有独立的设计文件,能够独立组织施工,竣工后可以独立发挥生产能力或使用效益的项目。例如,高尔夫球场中的会馆、标准球场、练习场、景观休闲绿地等。一个单项工程由一个或多个单位工程组成。

2.单位工程

单项工程继续分解为单位工程,一个或几个单位工程构成单项工程。单位工程是指具有独立设计文件,可以独立组织施工,但完工后一般不能独立发挥生产能力或使用效益的项目。例如,高尔夫球场中会馆的土建工程、装饰工程、给排水工程、采暖、通风、照明工程,园林绿化工程等。一个单位工程由一个或多个分部工程组成。

3.分部工程

单位工程继续分解为分部工程,一个或几个分部工程构成单位工程。一般是按单位工程的各个部位、结构形式、使用材料的不同进行划分。例如,园林绿化工程可划分为绿化工程、园路园桥工程、园林景观工程、砌筑工程、混凝土及钢筋混凝土工程、屋面工程、装饰装修工程等。一个分部工程由一个或多个分项工程组成。

4.分项工程

分部工程继续分解为分项工程,一个或几个分项工程构成分部工程。分项工程是指分部

工程中,按照施工方法、使用材料、结构构件等不同因素划分的,用较简单的施工过程就能完成的,以适当的计量单位就能计算工程消耗的最基本构成项目。一般而言,它没有独立存在的意义,只是建筑安装工程的一种基本构成要素,是为了确定建筑安装工程造价而设定的一种产品。例如卵石园路、青石板台阶、树穴盖板等。

综上所述,掌握工程建设项目的分解,对工程项目建设各个阶段造价的确定具有重要的作用。工程建设项目各层次之间的关系,具体如图 1-1 所示。

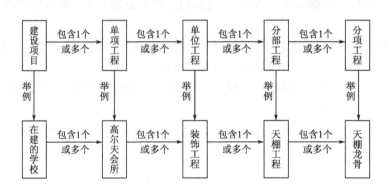

图 1-1　工程建设项目各层次之间的关系

第二节　园林绿化工程造价文件

一　工程造价的含义

工程造价是指某一建设项目从开始设想到竣工直到使用阶段所花费(指预期花费和实际花费)的全部固定资产投资费用,即该项目通过建设形成相应的固定资产和无形资产所需要的一次性费用总和。由于工程建设项目在建设期的不同层次划分,所以工程造价也有单件性、多次性、分部组合性的计价特点。

二　建设项目造价文件的分类

工程建设项目造价文件分为:投资估算、设计概算、施工图预算、施工预算、竣工结算、竣工决算。

(一)投资估算

投资估算是指在可行性研究阶段和编制设计任务书阶段,由可行性研究主管部门或建设单位对建设项目投资数额进行估计的经济文件。投资估算一般由建设单位编制。

(二)设计概算

设计概算是指在工程初步设计或扩大初步设计阶段,根据初步设计或扩大初步设计图纸及技术文件、预算定额及有关取费标准等编制的概算造价经济文件。设计概算一般由设计单位编制。

(三)施工图预算

施工图预算是指在工程施工图设计完成后工程开工前由发包人、承包人根据招标文件、施工图图纸、施工技术方案、工程预算定额及有关取费标准而编制的工程经济性文件。园林绿化工程造价文件中施工图预算是招投标文件中不可或缺的一种计价文件。

施工图预算由发包人编制的称为招标控制价;由承包人编制的称为投标报价。

(四)施工预算

施工预算是在施工阶段,根据施工图纸、施工方案、施工定额而编制的,用以体现施工中所需消耗的人工、材料、机械台班的数量标准。施工预算一般是由施工单位编制。

(五)竣工结算

竣工结算是指(建设项目、单项工程、单位工程、分部工程、分项工程)在竣工验收阶段,由施工单位根据合同、设计变更、技术核定单、现场签证、隐蔽工程记录、预算定额、材料价格、有关取费标准等竣工资料编制的,经建设或委托的监理单位签认,作为结算工程造价依据的经济文件。竣工结算是由施工单位编制的。

(六)竣工决算

竣工决算是指建设项目在竣工验收合格后,由业主或委托方根据各局部工程竣工结算和其他工程费用等实际开支的情况,进行计算和编制的综合反映该建设项目从筹建到竣工投产或交付使用全过程,各项资金使用情况和建设成果的总结性经济文件。竣工决算是由建设单位编制的。

综上所述,建设项目的造价文件在不同的建设阶段有不同的形式和内容,具体如图 1-2 所示。

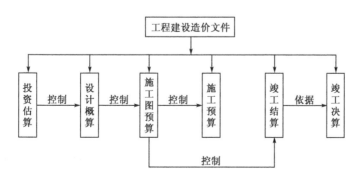

图 1-2　建设项目各造价文件之间的关系

第三节　园林绿化工程项目计价方法

园林绿化工程计价方法从广义上说,是指对园林绿化工程从设想到竣工投产使用的整个过程中所有的投资进行计量与计价;从狭义上说,是指园林绿化工程施工图预算和园林绿化工程清单计价。

1984 年以前受计划经济的影响,我国工程造价管理实行的是定额计价模式,即由政府颁发工程定额,规定单位园林绿化工程产品人工、材料、机械的消耗量及价格;1984 年以后,工程造价管理由原来的静态模式向动态模式过渡,逐步形成和完善了工程造价"量""价"分离的管理体制,政府颁发全国统一的基础定额,只规定了"量","价"可以随市场变化而变化。2003 年 7 月 1 日,各地方、各部门贯彻实施了 2003 年 2 月 17 日建设部颁布的国家标准《建设工程工程量清单计价规范》(GB 50500—2003),目前执行的是《建设工程工程量清单计价规范》(GB 50500—2013)。"计价规范"明确规定了招投标活动中工程"计量"和"计价"的方法及表达形式,即"量"是以清单的形式表现的,而"价"是以综合单价及各种费用表现的,清单计价实现了我国建设工程的计价模式由定额计价转变为工程量清单计价。"计价规范"规定了园林绿化工程的工程量计算规则及计价内容,为计"量"提供了理论依据和统一的计算规则,同时为计"价"提供了可行的办法。

这种变化,使政府职能发生了改变,形成了政府宏观调控、企业自主报价、市场竞争形成价格和社会全面监督的工程造价管理体系,为建设市场主体创造了一个与国际接轨的市场竞争环境。

一　园林绿化工程"计量"解释

(一)园林绿化工程"计量"的含义

园林绿化工程"计量"是指按照一定的计算规则和计价文件的规定,对分部分项工程项目、措施项目、其他项目、规费项目、税金项目的数量进行计算的过程,这个数量称为工程量。

工程量是指以物理的、自然的计量单位表示的工程的数量。物理的计量单位是指 m、m^2、m^3,自然的计量单位是指株、丛、盆、对、份、项等。

(二)园林绿化工程"计量"解释

除使用国有资金投资的建设工程发承包以清单计价以外,还存在以定额计价的工程,而且两种计价模式首先都需要对工程"计量",因此园林绿化工程"计量"的解释如下。

1. 定额计价模式下园林绿化工程"计量"

定额计价模式下园林绿化工程"计量"是指工程发包人和承包人在工程招投标活动中以图纸为依据,根据全国统一的《仿古建筑及园林工程预算定额》或各地区、各部门、各时期编制的消耗量定额、单位估价表所规定的工程量计算规则,对分部分项工程、措施项目的数量进行计算。

2.清单计价模式下园林绿化工程"计量"

清单计价模式下园林绿化工程"计量"有两种含义,一种是对于发包人而言,根据《园林绿化工程工程量计算规范》(GB 50858—2013)中附录 A～D 所规定的清单工程量计算规则计算分部分项工程的数量(GB 50858—2013 中没有的项目也可参考其他计量规范)编制工程量清单,并作为招标文件的一部分提供给投标人,另外发包人编制招标控制价也需要计算分部分项工程量和常规单价措施项目工程量;另一种是指投标人在编制投标报价的过程中,校对招标文件提供的清单工程量,并参照园林绿化工程消耗量定额所规定的计算规则计算计价工程量。

二 园林绿化工程"计价"解释

任何一种产品的产出都必然会消耗一定数量的人力、物力和财力,因此也一定有一种反映这种消耗及因产品的销售而产生利润的价格存在。园林绿化工程也是一种产品,所以也会有价格来反映它的价值,而计算这个价格的过程就是计价,简言之,就是计算出园林绿化工程的造价。

(一)园林绿化工程"计价"的含义

园林绿化工程"计价"是指按照一定的计价程序和各种计价文件的规定,对分部分项工程项目、措施项目、其他项目、规费项目和税金项目及工程的总造价进行计算并通过招投标活动对工程进行投标报价的过程。

(二)园林绿化工程"计价"解释

1.定额计价模式下园林绿化工程"计价"

定额计价模式下园林绿化工程"计价"是指工程发包人和投标人依据各地区、各部门、各时期颁发的计价文件(如《园林绿化工程消耗量定额》《费用定额》)计算园林绿化工程总造价的过程。

2.工程量清单计价模式下园林绿化工程"计价"

工程量清单计价模式下园林绿化工程"计价"是指投标人完成由招标人提供的工程量清单所需的全部费用,包括分部分项工程费、措施项目费、其他项目费、规费项目和税金项目。

◀ **课堂练习题** ▶

1.以下关于投资估算的说法正确的是( )。
　A.投资估算是在施工图设计阶段完成的
　B.投资估算不是根据平方米、立方米、产量等指标进行的
　C.投资估算是由施工企业编制的
　D.投资估算是控制设计总概算的重要依据
2.下列属于分部工程的是( )。
　A.混凝土路牙　　B.园路工程　　C.栽植梅花　　D.塑假山

3.工程建设项目不包括(　　)。

　　A.建筑工程　　　　B.安装工程　　　　C.施工图预算　　　D.园林工程

4.清单计价模式下编制园林绿化工程预算费用不包括(　　)。

　　A.分部分项工程费　B.措施项目费　　　C.规费　　　　　　D.综合单价

5.以下属于扩建项目的是(　　)。

　　A.学校增建教学用房

　　B.医院增建门诊部或病床用房

　　C.尚未建成投产或交付使用的迁建工程,因自然灾害等原因毁坏后,按新的设计进行
　　　重建

　　D.新增加的固定资产价值超过其原有固定资产价值(原值)三倍以上的工程

◀ **复习思考题** ▶

1.什么是园林绿化工程工程预算?

2.什么是工程项目建设?工程项目建设的内容和分类有哪些?

3.建设项目是如何分解的?

4.建设项目造价文件的分类有哪些?

5.什么是施工图预算?

第二章
建筑安装工程费用项目组成

【知识要点】

1.园林绿化工程计费(含义、费用定额、计费方法和程序)。

2.园林绿化工程造价的组成及计算方法(分部分项工程费、措施项目费、利润、税金计算)。

3.园林绿化工程造价的取费程序。

【学习要求】

1.了解计费含义,以及费用定额的编制。

2.熟悉本省或本地区费用定额的内容。

3.掌握园林绿化工程造价组成内容、取费程序并能完成工程计费的实际操作。

第一节　建筑安装工程费用项目划分方式

一　按费用构成要素划分

根据《建筑安装工程费用项目组成》(建标[2013]44号),建筑安装工程费按照费用构成要素划分,由人工费、材料(包含工程设备,下同)费、施工机具使用费、企业管理费、利润、规费和税金组成。其中人工费、材料费、施工机具使用费、企业管理费和利润,包含在分部分项工程费、措施项目费、其他项目费中,如图2-1所示。

(一)人工费

人工费是指按工资总额构成规定,支付给从事建筑安装工程施工的生产工人和附属生产单位工人的各项费用。其内容包括以下几个方面。

(1)计时工资或计件工资:是指按计时工资标准和工作时间或对已做工作按计件单价支付给个人的劳动报酬。

(2)奖金:是指针对超额劳动和增收节支支付给个人的劳动报酬,如节约奖、劳动竞赛奖等。

（3）津贴、补贴：是指为了补偿职工特殊或额外的劳动消耗和因其他特殊原因支付给个人的津贴，以及为了保证职工工资水平不受物价影响支付给个人的物价补贴，如流动施工津贴、特殊地区施工津贴、高温（寒）作业临时津贴、高空津贴等。

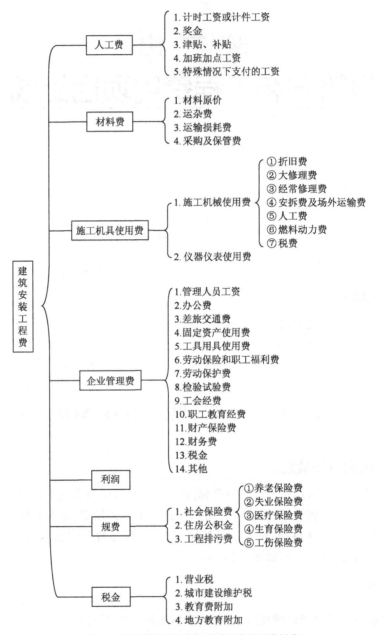

图 2-1　工程费用项目组成（按费用构成要素划分）

（4）加班加点工资：是指按规定支付的在法定节假日工作的加班工资和在法定日工作时间外延时工作的加点工资。

（5）特殊情况下支付的工资：是指根据国家法律、法规和政策规定，因病、工伤、产假、计划生育假、婚丧假、事假、探亲假、定期休假、停工学习、执行国家或社会义务等原因按计时工资标准或计件工资标准的一定比例支付的工资。

(二)材料费

材料费是指施工过程中耗费的原材料、辅助材料、构配件、零件、半成品或成品、工程设备的费用。其内容包括以下几个方面。

(1)材料原价:是指材料、工程设备的出厂价格或商家供应价格。

(2)运杂费:是指材料、工程设备自来源地运至工地仓库或指定堆放地点所发生的全部费用。

(3)运输损耗费:是指材料在运输装卸过程中不可避免的损耗。

(4)采购及保管费:是指为组织采购、供应和保管材料、工程设备的过程中所需要的各项费用。包括采购费、仓储费、工地保管费、仓储损耗。其中,工程设备是指构成或计划构成永久工程一部分的机电设备、金属结构设备、仪器装置及其他类似的设备和装置。

(三)施工机具使用费

施工机具使用费是指施工作业过程中所发生的施工机械、仪器仪表使用费或其租赁费。具体如下。

(1)施工机械使用费:以施工机械台班耗用量乘以施工机械台班单价表示,施工机械台班单价应由下列七项费用组成。

①折旧费:是指施工机械在规定的使用年限内,陆续收回其原值的费用。

②大修理费:是指施工机械按规定的大修理间隔台班进行必要的大修理,以恢复其正常功能所需的费用。

③经常修理费:是指施工机械除大修理以外的各级保养和临时故障排除所需的费用。包括为保障机械正常运转所需替换设备与随机配备工具附具的摊销和维护费用,机械运转中日常保养所需润滑与擦拭的材料费用及机械停滞期间的维护和保养费用等。

④安拆费及场外运输费:安拆费是指施工机械(大型机械除外)在现场进行安装与拆卸所需的人工、材料、机械和试运转费用以及机械辅助设施的折旧、搭设、拆除等费用;场外运输费是指施工机械整体或分体自停放地点运至施工现场或由一施工地点运至另一施工地点的运输、装卸、辅助材料及架线等费用。

⑤人工费:是指机上司机(司炉)和其他操作人员的人工费。

⑥燃料动力费:是指施工机械在运转作业中所消耗的各种燃料及水、电等费用。

⑦税费:是指施工机械按照国家规定应缴纳的车船使用税、保险费及年检费等。

(2)仪器仪表使用费:是指工程施工所需使用的仪器仪表的摊销及维修费用。

(四)企业管理费

企业管理费是指建筑安装企业组织施工生产和经营管理所需的费用。内容包括如下几个方面。

(1)管理人员工资:是指按规定支付给管理人员的计时工资,奖金,津贴、补贴,加班加点工资及特殊情况下支付的工资等。

(2)办公费：是指企业管理办公用的文具、纸张、账表、印刷、邮电、书报、办公软件、现场监控、会议、水电、烧水和集体取暖降温（包括现场临时宿舍取暖、降温）等费用。

(3)差旅交通费：是指职工因公出差和调动工作的差旅费、住勤补助费，市内交通费和午餐补助费，职工探亲路费，劳动力招募费，职工退休、退职一次性路费，工伤人员就医路费，工地转移费以及管理部门使用的交通工具的油料、燃料等费用。

(4)固定资产使用费：是指管理和试验部门及附属生产单位使用的属于固定资产的房屋、设备、仪器等的折旧、大修、维修或租赁费。

(5)工具用具使用费：是指企业施工生产和管理使用的不属于固定资产的工具、器具、家具、交通工具和检验、试验、测绘、消防用具等的购置、维修和摊销费。

(6)劳动保险和职工福利费：是指由企业支付的职工退职金、按规定支付给离休干部的经费，以及集体福利费、夏季防暑降温、冬季取暖补贴、上下班交通补贴等。

(7)劳动保护费：是指企业按规定发放的劳动保护用品的支出。如工作服、手套、防暑降温饮料以及在有碍身体健康的环境中施工的保健费用等。

(8)检验试验费：是指施工企业按照有关标准规定，对建筑以及材料、构件和建筑安装物进行一般鉴定、检查所发生的费用，包括自设试验室进行试验所耗用的材料等费用。不包括新结构、新材料的试验费，对构件做破坏性试验及其他特殊要求检验试验的费用和建设单位委托检测机构进行检测的费用。对此类检测发生的费用，由建设单位在工程建设其他费用中列支。但对施工企业提供的具有合格证明的材料进行检测不合格的，该检测费用由施工企业支付。

(9)工会经费：是指企业按《工会法》规定的全部职工工资总额比例计提的工会经费。

(10)职工教育经费：是指按职工工资总额的规定比例计提，企业为职工进行专业技术和职业技能培训，专业技术人员继续教育，职工职业技能鉴定，职业资格认定，以及根据需要对职工进行各类文化教育所发生的费用。

(11)财产保险费：是指施工管理用财产、车辆等的保险费用。

(12)财务费：是指企业为施工生产筹集资金或提供预付款担保、履约担保、职工工资支付担保等所发生的各种费用。

(13)税金：是指企业按规定缴纳的房产税、车船使用税、土地使用税、印花税等。

(14)其他：包括技术转让费、技术开发费、投标费、业务招待费、绿化费、广告费、公证费、法律顾问费、审计费、咨询费、保险费等。

(五)利润

利润是指施工企业完成所承包工程获得的盈利。

(六)规费

规费是指按国家法律、法规规定，由省级政府和省级有关权力部门规定必须缴纳或计取的费用。包括以下几个方面。

(1)社会保险费。由下面五部分组成。

①养老保险费：是指企业按照规定标准为职工缴纳的基本养老保险费。

②失业保险费：是指企业按照规定标准为职工缴纳的失业保险费。

③医疗保险费:是指企业按照规定标准为职工缴纳的基本医疗保险费。

④生育保险费:是指企业按照规定标准为职工缴纳的生育保险费。

⑤工伤保险费:是指企业按照规定标准为职工缴纳的工伤保险费。

(2)住房公积金:是指企业按规定标准为职工缴纳的住房公积金。

(3)工程排污费:是指按规定缴纳的施工现场工程排污费。

其他应列而未列入的规费,按实际发生计取。

(七)税金

税金是指国家税法规定的应计入建筑安装工程造价内的营业税、城市维护建设税、教育费附加及地方教育附加。

二 按造价形成划分

建筑安装工程费按照工程造价形成,由分部分项工程费、措施项目费、其他项目费、规费、税金组成。分部分项工程费、措施项目费、其他项目费,包含人工费、材料费、施工机具使用费、企业管理费和利润,如图 2-2 所示。

(一)分部分项工程费

分部分项工程费是指各专业工程的分部分项工程应予列支的各项费用。

(1)专业工程:是指按现行国家计量规范划分的房屋建筑与装饰工程、仿古建筑工程、通用安装工程、市政工程、园林绿化工程、矿山工程、构筑物工程、城市轨道交通工程、爆破工程等各类工程。

(2)分部分项工程:是指按现行国家计量规范对各专业工程划分的项目。如房屋建筑与装饰工程划分的土石方工程、地基处理与桩基工程、砌筑工程、钢筋及钢筋混凝土工程等。

各类专业工程的分部分项工程划分见现行国家或行业计量规范。

(二)措施项目费

是指为完成建设工程施工,发生于该工程施工前和施工过程中的技术、生活、安全、环境保护等方面的费用。内容包括以下几个方面。

(1)安全文明施工费。由以下四部分组成。

①环境保护费:是指施工现场为达到环保部门要求所需要的各项费用。

②文明施工费:是指施工现场文明施工所需要的各项费用。

③安全施工费:是指施工现场安全施工所需要的各项费用。

④临时设施费:是指施工企业为进行建设工程施工所必须搭设的生活和生产用的临时建筑物、构筑物和其他临时设施费用。包括临时设施的搭设、维修、拆除、清理费或摊销费等。

(2)夜间施工增加费:是指因夜间施工所发生的夜班补助费、夜间施工降效、夜间施工照明设备摊销及照明用电等费用。

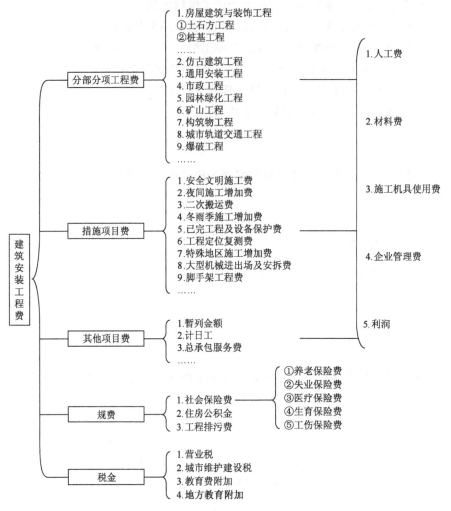

图 2-2 工程费用项目组成(按造价形成划分)

(3)二次搬运费:是指因施工场地条件限制而发生的材料、构配件、半成品等一次运输不能到达堆放地点,必须进行二次或多次搬运时所发生的费用。

(4)冬雨季施工增加费:是指在冬季或雨季施工须增加的临时设施、防滑、排除雨雪,以及人工及施工机械效率降低等产生费用。

(5)已完工程及设备保护费:是指竣工验收前,对已完工程及设备采取的必要保护措施所发生的费用。

(6)工程定位复测费:是指工程施工过程中进行全部施工测量放线和复测工作的费用。

(7)特殊地区施工增加费:是指在沙漠或其边缘地区,以及高海拔、高寒、原始森林等特殊地区施工增加的费用。

(8)大型机械设备进出场及安拆费:是指机械整体或分体自停放场地运至施工现场或由一个施工地点运至另一个施工地点所发生的机械进出场运输及转移费用及机械在施工现场进行安装、拆卸所需的人工费、材料费、机械费、试运转费和安装所需的辅助设施的费用。

（9）脚手架工程费：是指施工需要的各种脚手架进行搭、拆、运输的费用以及脚手架购置费的摊销（或租赁）费用。

措施项目及其包含的内容详见各类专业工程的现行国家或行业计量规范。

（三）其他项目费

（1）暂列金额：是指建设单位在工程量清单中暂定并包括在工程合同价款中的一笔款项。用于施工合同签订时尚未确定或者不可预见的所需材料、工程设备、服务的采购，施工中可能发生的工程变更、合同约定调整因素出现时的工程价款调整以及发生的索赔、现场签证确认等费用。

（2）计日工：是指在施工过程中，施工企业完成建设单位提出的施工图纸以外的零星项目或工作所需的费用。

（3）总承包服务费：是指总承包人为配合、协调建设单位进行的专业工程发包，对建设单位自行采购的材料、工程设备等进行保管以及施工现场管理、竣工资料汇总整理等服务所需的费用。

（四）规费

定义同前。

（五）税金

定义同前。

第二节　建筑安装工程费用参考计算方法

一　各费用构成要素参考计算方法

（一）人工费

$$人工费 = \sum（工日消耗量 \times 日工资单价） \qquad (2\text{-}1)$$

$$日工资单价 = [生产工人平均月工资（计时、计件）+ 平均月（奖金 + 津贴补贴 +$$

$$特殊情况下支付的工资）] / 年平均每月法定工作日 \qquad (2\text{-}2)$$

注：公式（2-1）主要适用于施工企业投标报价时自主确定人工费，也是工程造价管理机构编制计价定额确定定额人工单价或发布人工成本信息的参考依据。

$$人工费 = \sum（工程工日消耗量 \times 日工资单价） \qquad (2\text{-}3)$$

日工资单价是指施工企业平均技术熟练程度的生产工人在每工作日（国家法定工作时间内）按规定从事施工作业应得的日工资总额。

工程造价管理机构确定日工资单价，应通过市场调查、根据工程项目的技术要求，并参考实物工程量人工单价综合分析来确定，最低日工资单价不得低于工程所在地人力资源和社会保障部门所发布的最低工资标准的 1.3 倍（普工）、2 倍（一般技工）、3 倍（高级技工）。

工程计价定额不可只列一个综合工日单价,应根据工程项目技术要求和工种差别适当划分多种日人工单价,确保各分部工程人工费的合理构成。

注:公式(2-3)适用于工程造价管理机构编制计价定额时确定定额人工费,是施工企业投标报价的参考依据。

(二)材料费

1.材料费

$$材料费 = \sum(材料消耗量 \times 材料单价) \qquad (2-4)$$

$$材料单价 = \{(材料原价 + 运杂费) \times [1 + 运输损耗率(\%)]\} \times$$
$$[1 + 采购保管费率(\%)] \qquad (2-5)$$

2.工程设备费

$$工程设备费 = \sum(工程设备量 \times 工程设备单价) \qquad (2-6)$$

$$工程设备单价 = (设备原价 + 运杂费) \times [1 + 采购保管费率(\%)] \qquad (2-7)$$

(三)施工机具使用费

1.施工机械使用费

$$施工机械使用费 = \sum(施工机械台班消耗量 \times 机械台班单价) \qquad (2-8)$$

$$机械台班单价 = 台班折旧费 + 台班大修费 + 台班经常修理费 +$$
$$台班安拆费及场外运费台班人工费 +$$
$$台班燃料动力费 + 台班车船税费 \qquad (2-9)$$

注:工程造价管理机构在确定计价定额中的施工机械使用费时,应根据《建筑施工机械台班费用计算规则》,结合市场调查编制施工机械台班单价。施工企业可以参考工程造价管理机构发布的台班单价,自主确定施工机械使用费的报价,如租赁施工机械,公式为:施工机械使用费 = $\sum$(施工机械台班消耗量 × 机械台班租赁单价)。

2.仪器仪表使用费

$$仪器仪表使用费 = 工程使用的仪器仪表摊销费 + 维修费 \qquad (2-10)$$

(四)企业管理费费率

1.以分部分项工程费为计算基础

$$企业管理费费率(\%) = [生产工人年平均管理费 / (年有效施工天数 \times$$
$$人工单价)] \times 人工费占分部分项工程比例(\%) \qquad (2-11)$$

2.以人工费和机械费合计为计算基础

$$企业管理费费率(\%) = 生产工人年平均管理费 / [年有效施工天数 \times$$
$$(人工单价 + 每一工日机械使用费)] \times 100\% \qquad (2-12)$$

3.以人工费为计算基础

$$企业管理费费率(\%) = [生产工人年平均管理费 / (年有效施工天数 \times$$
$$人工单价)] \times 100\% \qquad (2-13)$$

注:公式(2-10)~公式(2-13)适用于施工企业投标报价时自主确定管理费,是工程造价管理机构编制计

价定额确定企业管理费的参考依据。

工程造价管理机构在确定计价定额中企业管理费时,应以定额人工费或(定额人工费+定额机械费)作为计算基数,其费率根据历年工程造价积累的资料,辅以调查数据确定,列入分部分项工程和措施项目中。

(五)利润

(1)施工企业根据企业自身需求并结合建筑市场实际自主确定,列入报价中。

(2)工程造价管理机构在确定计价定额中利润时,应以定额人工费或(定额人工费+定额机械费)作为计算基数,其费率根据历年工程造价积累的资料,并结合建筑市场实际确定,以单位(单项)工程测算,利润在税前建筑安装工程费中的比重可按不低于5%且不高于7%的费率计算。利润应列入分部分项工程和措施项目中。

(六)规费

1.社会保险费和住房公积金

社会保险费和住房公积金,应以定额人工费为计算基础,根据工程所在地省、自治区、直辖市或行业建设主管部门规定费率计算。

$$社会保险费和住房公积金 = \sum(工程定额人工费 \times 社会保险费和住房公积金费率)$$

$$(2\text{-}14)$$

式中,社会保险费和住房公积金费率可以每万元发承包价的生产工人人工费和管理人员工资含量与工程所在地规定的缴纳标准综合分析取定。

2.工程排污费

工程排污费等其他应列而未列入的规费应按工程所在地环境保护等部门规定的标准缴纳,按实计取列入。

(七)税金

税金计算公式:

$$税金 = 税前造价 \times 综合税率(\%) \qquad (2\text{-}15)$$

综合税率计算公式如下。

(1)纳税地点在市区的企业。

$$综合税率(\%) = \frac{1}{1 - 3\% - (3\% \times 7\%) - (3\% \times 3\%)} - 1 = 3.41\% \qquad (2\text{-}16)$$

(2)纳税地点在县城、镇的企业。

$$综合税率(\%) = \frac{1}{1 - 3\% - (3\% \times 5\%) - (3\% \times 3\%)} - 1 = 3.35\% \qquad (2\text{-}17)$$

(3)纳税地点不在市区、县城、镇的企业。

$$综合税率(\%) = \frac{1}{1 - 3\% - (3\% \times 1\%) - (3\% \times 3\%)} - 1 = 3.22\% \qquad (2\text{-}18)$$

(4)实行营业税改增值税的,按纳税地点现行税率计算。

二 建筑安装工程计价参考公式

(一)分部分项工程费

$$分部分项工程费 = \sum(分部分项工程量 \times 综合单价) \qquad (2-19)$$

式中,综合单价包括人工费、材料费、施工机具使用费、企业管理费和利润以及一定范围的风险费用(下同)。

(二)措施项目费

1.国家计量规范规定应予计量的措施项目

$$措施项目费 = \sum(措施项目工程量 \times 综合单价) \qquad (2-20)$$

2.国家计量规范规定不宜计量的措施项目

(1)安全文明施工费

$$安全文明施工费 = 计算基数 \times 安全文明施工费费率(\%) \qquad (2-21)$$

计算基数应为定额基价(定额分部分项工程费 + 定额中可以计量的措施项目费)、定额人工费或(定额人工费 + 定额机械费),其费率由工程造价管理机构根据各专业工程的特点综合确定。

(2)夜间施工增加费

$$夜间施工增加费 = 计算基数 \times 夜间施工增加费费率(\%) \qquad (2-22)$$

(3)二次搬运费

$$二次搬运费 = 计算基数 \times 二次搬运费费率(\%) \qquad (2-23)$$

(4)冬雨季施工增加费

$$冬雨季施工增加费 = 计算基数 \times 冬雨季施工增加费费率(\%) \qquad (2-24)$$

(5)已完工程及设备保护费

$$已完工程及设备保护费 = 计算基数 \times 已完工程及设备保护费费率(\%) \qquad (2-25)$$

上述(2)~(5)项措施项目的计费基数应为定额人工费或(定额人工费 + 定额机械费),其费率由工程造价管理机构根据各专业工程特点和调查资料综合分析后确定。

(三)其他项目费

(1)暂列金额由建设单位根据工程特点,按有关计价规定估算,施工过程中由建设单位掌握使用,扣除合同价款调整后如有余额,归建设单位。

(2)计日工由建设单位和施工企业按施工过程中的签证计价。

(3)总承包服务费由建设单位在招标控制价中根据总包服务范围和有关计价规定编制,施工企业投标时自主报价,施工过程中按签约合同价执行。

(四)规费和税金

建设单位和施工企业,均应按照省、自治区、直辖市或行业建设主管部门发布的标准计算规费和税金,不得将其作为竞争性费用。

相关问题的说明

（1）各专业工程计价定额的编制及其计价程序,均按《建筑安装工程费用项目组成》（建标〔2013〕44 号）实施。

（2）各专业工程计价定额的使用周期原则上为 5 年。

（3）工程造价管理机构在定额使用周期内,应及时发布人工、材料、机械台班价格信息,实行工程造价动态管理,如遇国家法律、法规、规章或相关政策变化以及建筑市场物价波动较大时,应适时调整定额人工费、定额机械费以及定额基价或规费费率,使建筑安装工程费能反映建筑市场实际。

（4）建设单位在编制招标控制价时,应按照各专业工程的计量规范和计价定额以及工程造价信息编制。

（5）施工企业在使用计价定额时除不可竞争费用外,其余仅作参考,由施工企业投标时自主报价。

第三节　建筑安装工程计价程序

 计价程序

建筑安装工程计价,从三个不同的角度进行编制,即招标人招标计价、投标人投标报价以及工程施工完成后甲乙双方竣工结算计价。分别见表 2-1～表 2-3。

（一）建设单位工程招标控制价计价程序

建设单位工程招标控制价计价程序 表 2-1

工程名称：　　　　　　　　　　标段：

序　号	内　　容	计 算 方 法	金 额（元）
1	分部分项工程费	按计价规定计算	
1.1			
1.2			
1.3			
1.4			
1.5			
2	措施项目费	按计价规定计算	
2.1	其中:安全文明施工费	按规定标准计算	
3	其他项目费		
3.1	其中:暂列金额	按计价规定估算	
3.2	其中:专业工程暂估价	按计价规定估算	

序 号	内 容	计 算 方 法	金额（元）
3.3	其中:计日工	按计价规定估算	
3.4	其中:总承包服务费	按计价规定估算	
4	规费	按规定标准计算	
5	税金(扣除不列入计税范围的工程设备金额)	(1+2+3+4)×规定税率	
招标控制价合计=1+2+3+4+5			

(二)施工企业工程投标报价计价程序

施工企业工程投标报价计价程序　　　　　　　　　　　表 2-2

工程名称:　　　　　　　　　　标段:

序 号	内 容	计 算 方 法	金 额（元）
1	分部分项工程费	自主报价	
1.1			
1.2			
1.3			
1.4			
1.5			
2	措施项目费	自主报价	
2.1	其中:安全文明施工费	按规定标准计算	
3	其他项目费		
3.1	其中:暂列金额	按招标文件提供金额计列	
3.2	其中:专业工程暂估价	按招标文件提供金额计列	
3.3	其中:计日工	自主报价	
3.4	其中:总承包服务费	自主报价	
4	规费	按规定标准计算	
5	税金(扣除不列入计税范围的工程设备金额)	(1+2+3+4)×规定税率	
招标控制价合计=1+2+3+4+5			

(三)竣工结算计价程序

竣工结算计价程序　　　　　　　　　　　　表 2-3

工程名称:　　　　　　　　　　标段:

序 号	内 容	计 算 方 法	金 额（元）
1	分部分项工程费	按合同约定计算	
1.1			
1.2			
1.3			
1.4			
1.5			

序　号	内　　容	计　算　方　法	金额（元）
2	措施项目费	按合同约定计算	
2.1	其中:安全文明施工费	按规定标准计算	
3	其他项目费		
3.1	其中:专业工程结算价	按合同约定计算	
3.2	其中:计日工	按计日工签证计算	
3.3	其中:总承包服务费	按合同约定计算	
3.4	索赔与现场签证	竣工结算计价程序	
4	规费	按规定标准计算	
5	税金(扣除不列入计税范围的工程设备金额)	(1+2+3+4)×规定税率	
招标控制价合计=1+2+3+4+5			

 案例

【**例 2-1**】 已知某园林景观工程分部分项工程费、技术措施费、价差费用及各项费用的费率见表 2-4,以某省建筑安装工程计费程序为例,见表 2-5,试计算定额计价模式下该园林绿化工程总造价。

园林绿化工程单位工程费表　　　　　　　　表 2-4

工程名称:　　　　　　　　　　　　　　　　　　第　　页

序　号	费用项目	计　算　方　法 以人工费、机械费之和为计费基数的工程	金额（元）
1	分部分项工程费	1.1+1.2+1.3	
1.1	人工费(元)	20000	
1.2	材料费(元)	100000	
1.3	机械费(元)	7000	
2	措施项目费(元)	2.1+2.2	
2.1	技术措施费(元)	2.1.1+2.1.2+2.1.3	
2.1.1	人工费(元)	3000	
2.1.2	材料费(元)	10000	
2.1.3	机械费(元)	5000	
2.2	组织措施费(元)	2.2.1+2.2.2	
2.2.1	安全文明施工费(6.33%)	(1.1+1.3+2.1.1+2.1.3)×费率	
2.2.2	其他组织措施费(1.85%)	(1.1+1.3+2.1.1+2.1.3)×费率	
3	价差(元)	30000	
4	施工管理费(15%)	(1.1+1.3+2.1.1+2.1.3)×费率	
5	利润(5.15%)	(1+2+3)×费率	
6	规费(17.8%)	(1.1+1.3+2.1.1+2.1.3)×费率	

续上表

序　号	费用项目	计算方法	金额（元）
		以人工费、机械费之和为计费基数的工程	
7	不含税工程造价	1＋2＋3＋4＋5＋6	
8	销项税(3%)	7×费率	
9	含税工程造价(元)	7＋8	

某省建筑安装工程计费程序 表 2-5

序　号	费用项目		计算方法
1	分部分项工程费		1.1＋1.2＋1.3
1.1	其中	人工费	Σ(定额人工费)
1.2		材料费	Σ(定额材料费×调整系数)
1.3		施工机具使用费	Σ(定额施工机具使用费×调整系数)
2	措施项目费		2.1＋2.2
2.1	单价措施项目费		2.1.1＋2.1.2＋2.1.3
2.1.1	其中	人工费	Σ(定额人工费)
2.1.2		材料费	Σ(定额材料费×调整系数)
2.1.3		施工机具使用费	Σ(定额施工机具使用费×调整系数)
2.2	总价措施项目费		2.2.1＋2.2.2
2.2.1	其中	安全文明施工费	(1.1＋1.3＋2.1.1＋2.1.3)×费率
2.2.2		其他总价措施费	(1.1＋1.3＋2.1.1＋2.1.3)×费率
3	总包服务费		项目价值×费率
4	企业管理费		(1.1＋1.3＋2.1.1＋2.1.3)×费率
5	利润		(1.1＋1.3＋2.1.1＋2.1.3)×费率
6	规费		(1.1＋1.3＋2.1.1＋2.1.3)×费率
7	索赔与现场签证		索赔与现场签证费用
8	除税工程造价		1＋2＋3＋4＋5＋6
9	销项税		8×税率
10	含税工程造价		8＋9

解：计算结果见表 2-6。

某单位工程投标报价汇总表 表 2-6

序　号	费用项目	计算方法	金额（元）
		以人工费、机械费之和为计费基数的工程	
1	分部分项工程费	20000＋100000＋7000	127000
1.1	人工费(元)	20000	
1.2	材料费(元)	100000	
1.3	机械费(元)	7000	
2	措施项目费(元)	18000＋2863	20863

序　号	费用项目	计　算　方　法	金　额（元）
		以人工费、机械费之和为计费基数的工程	
2.1	单价措施费（元）	3000＋10000＋5000	18000
2.1.1	人工费（元）	3000	
2.1.2	材料费（元）	10000	
2.1.3	机械费（元）	5000	
2.2	总价措施费	2215.5＋647.5	2863
2.2.1	安全文明施工费（6.33％）	（20000＋7000＋3000＋5000）×6.33％	2215.5
2.2.2	其他组织措施费（1.85％）	（20000＋7000＋3000＋5000＋）×1.85％	647.5
3	价差（元）	30000	30000
4	企业管理费（21.25％）	（20000＋7000＋3000＋5000）×21.25％	7437.5
5	利润（5.64％）	（20000＋7000＋3000＋5000）×5.64％	5572
6	规费（17.87％）	（20000＋7000＋3000＋5000）×17.87％	6254.5
7	除税工程造价	127000＋20863＋30000＋7437.5＋5572＋6254.5	197127
8	销项税（3％）	197127×3.0％	5913.81
9	含税工程造价（元）	197127＋5913.81	203040.81

◀ **课堂练习题** ▶

1. 住房公积金是（　　）。

　A. 企业管理费 　　　　　　　　B. 规费

　C. 财产保险费 　　　　　　　　D. 利润

2. 夜间施工费属于（　　）。

　A. 规费 　　　　　　　　　　　B. 企业管理费

　C. 人工费 　　　　　　　　　　D. 措施费

3. 以下属于企业管理费的是（　　）。

　A. 固定资产使用费 　　　　　　B. 印花税

　C. 职工教育经费 　　　　　　　D. 财务费

4. 下列费用中，属于建筑安装工程规费项目内容的是（　　）。

　A. 工程排污费

　B. 工程点交费

　C. 特殊地区施工增加费

　D. 土地使用费

　E. 特殊工种安全保险费

5. 下列费用中不属于企业管理费的是（　　）。

　A. 生产工人劳动保护费

B. 临时设施费

C. 管理人员工资

D. 差旅交通费

E. 脚手架费

◀ 复习思考题 ▶

1. 试简述工程造价的编制方法及步骤。

2. 园林绿化工程造价由哪几部分组成？

3. 什么是分部分项工程费？由哪些费用组成？

4. 什么是价差？材料价差如何计算？

5. 已知某市区某小区园林绿化工程分部分项工程费为 1280000 元，其中人工费为 320000 元，材料费为 832000 元，机械费为 12800 元，措施费为 123500 元，试根据本地区费用定额计算该工程含税总造价。

第三章
园林绿化工程定额计价

1.地区单位估价表的概念。

2.地区单位估价表的组成及表现形式(表头、项目表、附注)。

3.地区单位估价表的作用。

4.地区单位估价表的使用(定额的直接套用、换算、补充、工料分析、分部分项工程费)。

5.园林绿化工程工程量的计算方法。

6.定额计价模式下园林绿化工程计费(含义、费用定额、计费方法和程序)。

7.园林绿化工程造价的组成及计算方法(分部分项工程费、措施项目费、其他项目费、利润、税金计算)。

8.园林绿化工程造价的计算程序。

【学习要求】

1.了解园林绿化工程定额的分类和作用。

2.熟悉园林绿化工程工程量计算规则。

3.掌握园林绿化工程量计量计价方法。

园林绿化工程定额是指在一定的施工技术与园林艺术的综合作用下,为完成质量合格的单位产品所消耗在园林绿化工程基本构造要素上的人工、材料和机械的数量标准及费用额度。其中,基本构造要素是指园林绿化分项工程或结构构件。

第一节 定 额 分 类

一 按定额反映的生产要素消耗内容分类

按定额反映的生产要素消耗内容分类,可以把园林绿化工程定额划分为劳动消耗定额、材料消耗定额和机械消耗定额三种,统称基础定额。

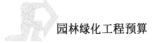

(一)劳动消耗定额

劳动消耗定额简称劳动定额(也称人工定额),是指完成一定的合格产品(工程实体或劳务)规定活劳动消耗的数量标准。

劳动定额的表现形式包括时间定额和产量定额。时间定额与产量定额互为倒数。

(二)材料消耗定额

材料消耗定额简称材料定额,是指完成一定合格产品所需材料的数量标准。

材料是装饰装修工程建设中使用的原材料、成品、半成品、构配件、燃料以及水、电等动力资源的统称。

(三)机械消耗定额

机械消耗定额又称为机械台班定额,是指为完成一定合格产品所消耗的施工机械台班的数量标准。

机械消耗定额的表现形式包括时间定额和产量定额。

二 按定额的编制程序和用途分类

按定额的编制程序和用途分类,可以把园林绿化工程定额分为施工定额、预算定额、概算定额、概算指标、投资估算指标五种。

(一)施工定额

施工定额是指在正常的施工条件下,为完成单位合格产品(施工过程)所必须消耗的人工、材料和机械台班的数量标准。施工定额以工序为研究对象,它是施工企业为组织生产和加强管理,在企业内部使用的一种定额,属于企业定额的性质,是建筑园林绿化工程定额中的基础性定额。施工定额也称施工消耗定额。

施工定额由劳动定额、机械定额和材料定额三个相对独立的部分组成。

(二)预算定额

预算定额是指在正常的施工条件下,为完成一定计量单位的分项工程或结构构件所需消耗的人工、材料、机械台班的数量标准。从编制程序上看,预算定额是以施工定额为基础综合扩大编制的,同时它也是编制概算定额的基础。预算定额也称预算消耗量定额。

预算定额包括劳动定额、机械台班定额、材料消耗定额三个基本部分。

(三)概算定额

概算定额是指在正常的施工条件下,为完成一定计量单位的扩大结构构件、扩大分项工程或分部工程所需消耗的人工、材料、机械台班的数量标准。它是编制扩大初步设计概算、确定装饰装修工程项目投资额的依据。概算定额的项目划分粗细与扩大初步设计的深度相适应,一般是在预算定额的基础上综合扩大而成的,每一综合分项概算定额都包含了数项预算定额。概算定额也称概算消耗定额。

(四)概算指标

概算指标是指在正常的施工条件下,为完成一定计量单位的建筑物或构筑物所需消耗的人工、材料、机械台班的数量标准。概算指标的内容,包括人工、机械台班、材料定额三个基本部分,同时还列出了各结构分部的工程量及单位建筑工程(以体积或面积计)的造价。概算指标的设定和初步设计的深度相适应,一般是在概算定额和预算定额的基础上编制的,比概算定额更加综合扩大。概算指标是一种计价性定额。

(五)投资估算指标

投资估算指标是在项目建议书和可行性研究阶段编制投资估算、计算投资需用量时使用的一种定额。它非常概略,往往以独立的单项工程或完整的工程项目为计算对象,编制内容是所有项目费用之和。它的概略程度和可行性研究阶段相适应。投资估算指标往往根据历史的预、决算资料和价格变动等资料编制,但其编制基础仍然离不开预算定额、概算定额。

三 按照主编单位和管理权限分类

按照主编单位和管理权限分类,园林绿化工程定额可以分为全国统一定额、地区统一定额、企业定额和补充定额。

(一)全国统一定额

全国统一定额是由国家建设行政主管部门,综合全国工程建设中技术和施工组织管理的情况编制的,并在全国范围内执行的定额。

(二)地区统一定额

地区统一定额包括省、自治区、直辖市定额。地区统一定额主要是在考虑地区性特点和全国统一定额水平的基础上,作适当调整和补充编制的。

(三)企业定额

企业定额是指由施工企业考虑本企业具体情况,参照国家、部门或地区定额的水平制定的定额。

施工企业所建立的内部企业定额,应反映企业的施工水平、人员素质及机械装备水平和企业管理水平,是建筑安装企业考核劳动生产率、确定工程成本、投标报价的依据。在计划经济时代,企业定额仅是对国家统一定额或地区性定额的一种补充,它仅用于施工企业内部施工管理。在市场经济条件下,随着工程造价管理体制改革不断深入,从 2003 年 7 月 1 日起,我国开始推行建设工程工程量清单计价。该方法实施的关键在于企业自主报价,而施工企业要想在

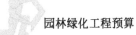

激烈的市场竞争中获胜,必须根据企业自身的技术力量、机械装备、管理水平来制定能体现自身特点的企业定额,并且为了适应《建筑工程工程量清单计价规范》实施后的市场竞争的发展态势。施工企业编制的企业定额,应同时具有传统意义的"施工定额"和"预算定额"的双重作用和性质。

(四)补充定额

补充定额是指随着设计、施工技术的发展,现行定额不能满足需要的情况下,为了补充缺陷所编制的定额。

补充定额只能在指定的范围内使用,可以作为以后修订定额的基础。

本章重点介绍与园林绿化工程密切相关的、指导编制园林工程预算的预算消耗量定额(以下简称消耗量定额)。

第二节　园林绿化工程预算消耗量定额

一　消耗量定额的概念

园林绿化工程消耗量定额是指在正常的施工条件下,完成一定计量单位的园林绿化分项工程或结构构件所必须消耗的人工(工日)、材料和机械(台班)的数量标准。

定额中的各项指标反映了政府对完成单位产品基本构造要素(即每一单位分项工程或结构构件)所规定的人工、材料、机械台班等消耗的数量限额。

园林绿化工程消耗量定额是对园林工程实行科学管理和监督的重要手段之一,为园林绿化工程造价管理提供翔实的技术衡量标准和数量指标,对推动园林绿化工程的市场化、法制化、专业化、规范化、系统化建设具有重要意义。

二　消耗量定额的作用

(1)消耗量定额是实行工程量清单计价办法时的配套定额,是各省编制计价定额的依据。

(2)消耗量定额是编制园林工程施工图预算及工程标底的依据。

(3)消耗量定额是设计部门对园林建筑及绿化设计方案进行技术经济分析的依据。

(4)消耗量定额是施工企业编制人工、材料、机械台班需要量计划,统计完成工程量,考核工程成本,实行经济核算,进行经济活动分析的依据。

(5)消耗量定额是园林绿化工程结算的依据。

(6)消耗量定额是施工企业进行经济活动的依据。

(7)消耗量定额是编制园林概算定额和概算指标的基础资料。

(8)消耗量定额是编制地区单位估价表(计价定额)的基础。

(9)消耗量定额是对园林新结构、新材料进行技术分析,补充定额缺项的依据。

(10)消耗量定额是清单计价中综合单价组价的依据。

三 消耗量定额的内容和编排形式

(一)消耗量定额手册的组成内容

要正确运用园林绿化工程预算定额,首先必须了解园林绿化工程消耗量定额手册的基本结构。园林绿化工程消耗量定额手册,主要由文字说明、定额项目表和附录三部分内容所组成。

1. 文字说明

文字说明了包括总说明、分部分项工程说明等。

(1)总说明

总说明主要阐述了定额编制的指导思想、编制原则、编制依据、适用范围,同时说明了编制定额时已经考虑和没有考虑的因素、使用方法及有关规定等。如××省 2009 年《园林绿化工程消耗量定额及统一基价表》总说明中的某条规定"本定额的工作内容中,已说明了主要施工工序,次要工序虽未说明,均已包含在消耗量内"。

(2)分部分项工程说明

分部分项工程说明主要阐述了园林绿化工程定额的适用范围、应用方法。如××省 2009 年《园林绿化工程消耗量定额及统一基价表》分部分项工程说明中的某条规定"起挖带土球乔木,土球直径超过 280 厘米;起挖裸根乔木,胸径超过 45 厘米时,另行计算"。

2. 定额项目表

园林绿化工程消耗量定额是以项目表的形式表现的,一般由工作内容、定额计量单位、项目表和附注组成。在项目表中包含了人工工日数、主要材料消耗数量、机械台班消耗量。

3. 附录

在园林绿化消耗量定额的最后面列有附录,内容包括绿化工程土方量对照表(带土球、灌木、丛生竹);城市园林绿化养护管理质量要求;材料名称规格、价格取定表,砂浆、混凝土配合比表等资料。如表 3-1 所示××省 2009 年园林绿化工程消耗量定额附录——绿化工程方量对照表(裸根灌木)。

绿化工程土方量对照表(裸根灌木)　　　　　　表 3-1

| 名称 | 规格 | | 根幅尺寸 | | 种植沟槽 | 种植塘径体积 | 种植土方量 | 换土量 |
	(cm)		侧根	直根	(长×宽×深) (cm)	(m³)	(m³)	(m³)
双排绿篱	绿篱高在厘米以内	40	—	—	100×30×25	0.750	0.750	0.750
		60	—	—	100×40×30	1.200	1.200	1.200
		80	—	—	100×50×40	2.000	2.000	2.000
		100	—	—	100×60×45	2.700	2.700	2.700
单排绿篱	绿篱高在厘米以内	40	—	—	100×25×25	0.625	0.625	0.625
		60	—	—	100×30×30	0.900	0.900	0.900
		80	—	—	100×40×40	1.600	1.600	1.600
		100	—	—	100×45×45	2.025	2.025	2.025
		120	—	—	100×50×50	2.500	2.500	2.500

Landscape Engineering Budget

名称	规　格		根幅尺寸		种植沟槽（长×宽×深）（cm）	种植塘径体积（m³）	种植土方量（m³）	换土量（m³）
	（cm）		侧根	直根				
单排绿篱	绿篱高在厘米以内	150	—	—	1000×60×60	3.600	3.600	3.600
		170	—	—	1000×65×60	3.900	3.900	3.900
		190	—	—	1000×70×60	4.200	4.200	4.200

(二)消耗量定额项目的编排形式

园林绿化工程消耗量定额应根据园林绿化工程结构及施工程序等按照章、节、项目、子目等顺序排列。

1.定额项目设置

(1)分部工程设置为章

把单位工程中,某些性质相近、材料大致相同的施工对象归纳在一起。如全国统一的《仿古建筑及园林工程预算定额》第一册通用项目共分为六章:第一章为土方、打桩、围堰、基础垫层工程;第二章为砌筑工程;第三章为混凝土及钢筋混凝土工程;第四章为木作工程;第五章为楼地面工程;第六章为抹灰工程。

(2)分部工程以下设置为节

分部工程以下按工程性质、工程内容及施工方法、使用材料分成若干节。如,地面工程又分为垫层、防潮层、找平层、整体面层、块料面层和其他六节。

(3)节以下设置为分项工程

节以下按工程性质、规格、材料类别等分成若干项目。如,块料面层又分为缸砖地面、马赛克面层、大理石面层、水磨石板地面、水磨石板踢脚线。

(4)分项工程以下设置子目

在分项工程中还可以按构造、规格再细分若干子目。如,缸砖地面又分为玛蹄脂黏结和水泥砂浆黏结子项。

2.定额项目的编排形式

定额项目的各项内容是以表格的形式编排的。为了定额的查找和使用方便,定额的章、节、子目都设置了统一的编号,章号用中文小写一、二、三…表示,节号、子目号一般由阿拉伯数字1、2、3…表示,分为三符号法和二符号法。

(1)"三符号"编号法

"三符号"是以园林绿化工程消耗量定额中的分部工程序号、分项工程序号(或页码)、分项工程的子项目序号三个号码进行定额编号的。其表达形式如下:

分部 _____ 分项(或页码) _____ 子项目

(2)"二符号"编号法

"二符号"是在"三符号"编号法的基础上,去掉一个分项工程序号,采用定额中分部工程序号和子项目序号两个号码进行定额编号。其表达形式如下:

分部(章节) _____ 子项目

四 消耗量定额的编制

(一)编制原则

(1)必须反映正常的施工条件、多数施工企业的装备程度、合理的施工组织和工艺工期条件下的社会平均消耗水平,反映当前设计、施工和管理的实际情况并且利于促进技术进步和管理水平的提高。

(2)遵循专家与群众相结合的原则。

(3)定额在内容和形式上体现简明适用性原则,项目齐全,满足不同施工工艺计价的要求,并便于计算机在工程造价计价和管理方面的开发和应用。

(4)遵循社会主义市场经济的原则,适应宏观调控下的市场竞争和工程价格的动态管理,有利于国家对工程造价的宏观调控。

(二)编制依据

(1)现行的设计规范、规程、施工及验收规范、质量评定标准及安全技术操作规程等法则。

(2)现行的全国统一劳动定额、材料消耗定额、施工机械台班定额。

(3)国家现行标准图集、通用标准图集及有关省、自治区、直辖市的标准图集和做法以及定型设计图纸。

(4)新技术、新结构、新材料和先进施工经验的资料。

(5)有关科学试验、技术测定等的统计资料。

(三)编制方法和程序

1.制订编制方案

(1)建立相应的机构,明确编制进度。

(2)确定编制范围和内容。

(3)确定定额结构内容及编制形式。

(4)确定人工、材料、机械消耗定额的计算基础和各项依据资料等。

2.收集基础资料

(1)收集编制定额的各种依据。

(2)收集各项计算基础资料及有关的技术经济资料。

(3)反复测算、核实、分析和整理有关资料。

3.划分工程项目,确定工程内容

合理确定工程内容,将庞大的工程体系分解成各种不同的较为简单的子项目,用适当的计量单位计算工程量的基本构造要素。

4.确定分项工程的定额消耗指标

这项工作是指确定分项工程的计量单位,施工方法,人、料、机消耗量指标等。

(1)确定定额计量单位

定额的计量单位。应该准确反映各分项工程的物理特征或自然特性,要与定额规定的内容相适应,准确反映各分项工程的人、料、机消耗量,同时便于工程量的计算和提高定额的综合性。

①凡结构构件的断面形状和大小一定,但是长度不定时,可以延长米为计量单位。如琉璃瓦脊安装、单行绿篱洒水车灌洒等。

②凡结构构件的厚度规格一定,但是长度和宽度不定时,可按面积以平方米为计量单位。如露地花坛二级养护、石浮雕制作等。

③凡结构构件的长度、厚(高)度和宽度都变化时,可按体积以立方米为计量单位。如条形石凳制作、地面换土等。

④凡结构没有一定规格,而其构造又较复杂时,可按个、块、座、株、丛等为计量单位。如雀替下云墩制安按块计量、石浮雕阳文(凹字)碑镌字按个计量、常绿乔木一级养护按株计量、栽植水生植物按丛计量等。

(2)确定分项工程实物消耗量

根据编制方案中选用的典型工程图纸,用加权平均的方法计算典型工程实物消耗量,以此为基础综合确定人工耗用量、材料消耗净用量、机械台班耗用量。

①人工消耗量指标的确定。

消耗量定额中的用工是指完成该分项工程必须消耗的各种技术等级用工的综合,包括基本用工和其他用工。

a.基本用工:是指完成该分项工程的主要用工。如起挖散生丛竹中的起挖土方、包扎、修剪、回土填塘的用工等。

b.其他用工:是指除主要用工外为完成该分项工程所需的辅助用工、材料超运距用工和人工幅度差。如散生丛竹中的出塘集中等其他用工。

其中:辅助用工是指施工现场发生的加工材料的用工,如筛砂子的用工等。

材料超运距用工是指消耗量定额中的材料或半成品的运输距离超过劳动定额规定的平均运距而产生的用工。

人工幅度差是指某项园林绿化工程在正常的施工条件下,劳动定额中没有考虑到而消耗量定额中必须考虑的用工数。比如工序交接、搭接停歇的时间损失;机械临时维修、小修、移动造成的不可避免的时间损失;工程检验影响的时间损失;施工收尾及工作面小影响的时间损失;施工用水、电管线移动影响的时间损失;工程完工、工作面转移造成的时间损失。合计工日计算如下:

$$合计工日 = \sum(基本用工 + 超运距用工 + 辅助用工) \times (1 + 人工幅度差率) \quad (3-1)$$

②材料消耗量指标的确定。

材料消耗量指标是指在合理和节约使用材料的前提下,生产单位合格的园林绿化产品所必须消耗的材料的数量标准。内容包括:从工地仓库或现场集中堆放地点至现场加工地点或操作地点以及加工地点至安装地点的运输损耗、施工操作损耗、施工现场堆放损耗。材料消耗量按用途划分为以下四种。

a.主要材料:是指直接构成工程实体的材料,其中也包括半成品、成品等,如起挖(带土球)灌木,其主要材料为草绳。

b.辅助材料:是指构成工程实体的除主要材料外的其他材料,如公园步行木桥桥板施工中所需的铁钉等。

c.周转材料:是指多次使用但不构成工程实体的摊销材料,如脚手架等。参见建筑工程消耗量定额。

d. 其他材料：是指用量较少，难以计量的零星材料，按其他材料费以占该项目材料费之和的百分率或以金额"元"表示。如土球规格 D＞140cm 以上的乔木栽植时须计算吊装辅材费用。

③机械台班消耗量指标的确定。

机械台班消耗量指标的确定，是指完成一定计量单位的分项工程或结构构件所必需的各种机械台班的消耗数量。机械台班消耗量的确定，一般有两种基本方法：一种是以施工定额的机械台班消耗定额为基础来确定的；另一种是以现场实测数据为依据来确定的，这种方法仅用于施工定额缺项。

消耗量定额中的机械台班消耗量分别按机械功能和容量，区别单机或主机配合辅助机械作业，包括机械幅度差以台班量表示，未列机械按其他机械费以项目机械费之和列出。

机械幅度差是指某项园林绿化工程在正常的施工条件下，劳动定额中没有考虑到而消耗量定额中必须考虑的机械台班数。比如配套机械相互影响的时间损失；工程开工或结尾工作量不饱满的时间损失；临时停水停电造成的时间损失；检查工程质量影响的时间；施工中不可避免的故障排除、维修及工序间交叉影响的时间间歇。

5. 编制园林工程消耗量定额项目表

表格填列形式详见地区单位估价表。

6. 修改定稿，颁发执行

消耗量定额最终进行修改和确定后，便可颁发执行。

第三节　园林绿化工程地区单位估价表

地区单位估价表的含义

地区单位估价表是指以园林绿化工程预算消耗量定额规定的人工、材料及施工机械台班消耗量指标为依据，以货币形式表示消耗量定额中每一分项工程或结构构件单位预算价值的计算表格，是根据国家颁发的《定额》，结合各地区人工工资标准、材料预算价格、机械台班预算价格编制的，所以又叫某时期某地区园林绿化工程单位估价表。单位估价表具有地区性和时间性，是各地区编制施工图预算、确定直接工程费的基础资料，也是园林绿化工程清单项目组价的参考资料。

地区单位估价表。经当地主管部门审核、批准后，即成为工程计价的依据，在规定的地区范围内执行，并且不得任意修改。通常，我们习惯性地把地区单位估价表称为消耗量定额，因为它包含了消耗量定额的全部内容。

地区单位估价表的组成及表现形式

地区单位估价表，是由工作内容、定额计量单位、表头、项目表和附注组成的。它是用表格的形式确定定额计量单位园林绿化分项工程分部分项工程费用的文件。其表现形式，以××

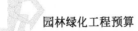

省 2009 年《园林绿化工程消耗量定额及统一基价表》中伸缩缝楼地面分项为例进行说明,见表 3-2。地区单位估价表中,包含工作内容、定额计量单位、人工工日、按总工资平均等级编制的人工单价、材料消耗量、各种材料的定额取定价(单价)、机械台班消耗量、各种机械的定额取定价(单价)及附注。

伸 缩 缝 楼 地 面 表 3-2

工作内容:1.清理基层、熬制石油沥青;

      2.木砖加工、浸油及预埋;

      3.石油沥青麻丝填缝。 单位:10m

定额编号			E7-21	E7-22	E7-23
项目			伸缩缝填缝		
			油浸麻丝平面	油浸麻丝立面	油浸木丝板
基价(元)			173.83	194.89	86.62
其中	人工费(元)		43.99	65.05	22.46
	材料费(元)		129.84	129.84	64.16
	机械费(元)		0	0	0
名 称	单位	单价(元)	数 量		
人工	普工	工日	42	0.188	0.278	0.096
	技工	工日	48	0.752	1.112	0.384
材料	石油沥青	kg	3.69	20.4	20.4	12.8
	麻丝	kg	9.52	5.5	5.5	—
	木柴	kg	0.4	5.5	5.5	4.4
	水泥木丝板 δ25	m²	9.66	—	—	1.57

注:1.各种伸缩缝除建筑油膏断面 3cm×2cm 外,其余各项断面均以 15cm×3cm 计算。

    2.如设计不同时,材料按比例换算,人工不变。

三 地区单位估价表的应用

(一)地区估价表基价的套用及调整

在定额计价体系下,确定分部分项工程的单价,是园林绿化工程计价定额应用的最典型的方式,实质上就是根据分项工程的名称,按照园林绿化工程消耗量定额说明,选择套用定额项目,查找适合图纸设计要求的分部分项工程的定额编号,查找或计算出基价。

基价是指分项分部工程定额单位的预算价值,是政府的指定价。其计算公式为:

$$基价 = 人工费 + 材料费 + 机械费 \tag{3-2}$$

其中:

$$人工费 = 分部分项工程定额人工工日数 × 人工单价 \tag{3-3}$$

$$材料费 = \sum(分部分项工程定额材料用量 × 相应的材料预算价格) \tag{3-4}$$

$$机械费 = \sum(分部分项工程定额机械台班使用量 × 相应机械台班预算价格) \tag{3-5}$$

正确确定定额基价,减少或杜绝由于技术性质原因造成错用定额的现象,对提高工作质量

34

和做好园林各企业经济管理基础工作,有着十分重要的现实意义。

要达到正确确定基价的目的,就必须了解定额的编制原则、适用范围、编制依据、分部分项工程的内容范围,掌握定额项目所代表的一种结构或构造的具体做法以及允许调整换算的范围及方法,熟悉工程量计算规则。一般来说,选套定额有三种方法:定额的直接套用、定额的换算和定额的补充。

1. 定额的直接套用

当分项工程设计要求的工程内容、技术特征、施工方法、材料规格等与拟套的定额分项工程规定的工作内容、技术特征、施工方法、材料规格等完全相符时,则可直接套用定额。

【例 3-1】 某园林景观工程须现场预制混凝土花架零星构件,以××省 2009 年《园林绿化工程消耗量定额及统一基价表》为例,见表 3-3,试确定该分项工程的基价及人工费、材料费、机械费。

花架及小品 表 3-3

工作内容:1.混凝土搅拌、运输、浇捣、养护、成品堆放;
　　　　　2.构件制作、安装、校正焊接、搭拆架子、砂浆调制、砌筑。

单位:m³

定额编号				E3-99	E3-100	E3-101	E3-102
项目				花架及小品			
				混凝土花架基础	现场预制混凝土花架梁、檩	现场预制混凝土花架柱	现场预制混凝土花架零星构件
基价(元)				232.16	335.27	349.94	440.75
其中	人工费(元)			42.59	114.66	109.04	144.61
	材料费(元)			172.23	205.3	225.59	280.83
	机械费(元)			17.34	15.31	15.31	15.31
名　称		单位	单价(元)	数　量			
人工	普工	工日	42.00	0.182	0.49	0.466	0.618
	技工	工日	48.00	0.728	1.96	1.864	2.472
材料	现浇混凝土 C15 碎石 40	m³	169.41	1.015	—	—	—
	预制混凝土 C25 碎石 20	m³	201	—	1.015	1.105	1.015
	零星材料费	m³	1	0.28	1.29	3.49	76.81
机械	滚筒式混凝土搅拌机 500L	台班	146.93	0.1	0.025	0.025	0.025
	混凝土振捣器插入式	台班	13.25	0.2	0.05	0.05	0.05
	汽车式起重机 5t	台班	438.79	—	0.025	0.025	0.025

解: 以某省 2009 年《园林绿化消耗量定额及统一基价表》为例,如表 3-3 所示。

①从定额目录中,查出花架及小品现场预制混凝土花架零星构件的定额编号为 E3-102。

②通过判断可知,花架及小品现场预制混凝土花架零星构件分项工程内容符合定额规定的内容,即可直接套用定额项目。

③从表 2-11 中查得花架及小品现场预制混凝土花架零星构件的定额基价为:E3-102 = 440.75 元/m³;其中人工费:144.61 元/m³;材料费:280.83 元/m³;机械费:15.31 元/m³。

2. 定额的换算

当施工图纸设计要求与拟套的定额项目的工程内容、材料规格、施工工艺等不完全相符

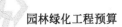

时,则不能直接套用定额,应根据定额规定进行调整。如果定额规定允许换算,则应按照定额规定的换算方法进行换算,经过换算后的定额项目的定额编号应在原定额编号的右下角注明一个"换"字以示区别,如 E7-76$_{换}$。

定额换算的基本思路是:根据图纸设计的园林绿化分项工程的实际内容,选套某一相似定额子目,按定额规定换入与设计内容一致的人工费、材料费和机械费,减去与设计内容不符的人工费、材料费和机械费。

下面介绍几种常用的换算方法。

(1)系数换算法

系数换算法是根据定额规定的系数,对定额项目中的人工、材料、机械或工程量等进行调整的一种方法,其换算步骤如下。

①根据施工图纸设计的工程项目内容,查找每一分部工程说明、工程量计算规则,判断是否需要增减系数,调整定额项目或工程量。

②计算换算后的定额基价,一般可按下式进行计算:

换算后定额基价 = 换算前定额基价 ± [定额人工费(或机械费)×相应调整系数]

$$(3-6)$$

③写出换算后的定额编号,右下角写明"换"字。

④如果工程量进行调整,直接乘以系数即可。

【例 3-2】 某驳岸、护岸工程施工须石砌筑浆砌毛石 4m 高的护坡,以××省 2009 年《园林绿化工程消耗量定额及统一基价表》为例,见表 3-4,并且基价表第四章说明二第三条规定:护坡高度超过 3.6m 时,人工乘以系数 1.15。试计算该分项工程的基价、人工费、材料费、机械费。定额项目,如表 3-4 所示。

石　砌　筑 表 3-4

工作内容:选、修、运石、调运、铺砂浆,墙角、窗台、门窗洞口的石料加工。 单位:m³

定额编号			E4-25	E4-26	E4-27
项目			石砌筑		
			毛石独立柱	毛石护坡 干砌	毛石护坡 浆砌
基价(元)			300.51	95.48	183.67
其中	人工费(元)		195.72	42.21	75.6
	材料费(元)		100.29	53.27	103.14
	机械费(元)		4.5	0	4.93
名　称		单位	单价(元)	数　量	
人工	普工	工日	42.00	1.139	0.246	0.44
	技工	工日	48.00	3.081	0.664	1.19
材料	毛石	m³	45.14	1.22	1.18	1.18
	水泥砂浆 M5.0	m³	141.77	0.31	—	0.34
	水	m³	2.12	0.6	—	0.79
机械	灰浆搅拌机 200L	台班	86.57	0.052	—	0.057

解:①根据工程项目内容及题意,见表 3-4,查找××省 2009 年《园林绿化工程消耗量定额及统一基价表》,石砌筑毛石护坡浆砌的定额编号为 E4-27。

②石砌筑毛石护坡浆砌的定额基价为 183.67 元/m³,其中人工费为 75.6 元/m³,依题意,石砌筑毛石护坡浆砌定额的相应子目人工乘系数 1.15,则:

$$E1\text{-}141_{换} = [183.67 + 75.6 \times (1.15 - 1)] = 195.01(元/m^3)$$

③人工费 $= 75.6 \times 1.15 = 86.94(元/m^3)$

材料费 $= 103.14(元/m^3)$

机械费 $= 4.93(元/m^3)$

(2)按比例换算

某些项目如果符合消耗量定额规定换算的条件,可按设计用量与定额用量的比例对人工、材料或机械台班消耗量进行调整换算。

【例 3-3】 某屋面工程中聚氨酯防水涂膜设计厚度为 3mm,以××省 2009 年《园林绿化工程消耗量定额及统一基价表》为例,见表 3-5,并且地区单位估价表第六章说明三第三条规定:聚氨酯属厚质涂层,能一次结成较厚涂层。聚氨酯涂膜防水定额子目中,涂膜总厚度约 2mm。当设计厚度与定额不同时,材料按厚度比例调整,人工不变。试计算其基价。

屋 面 防 水

表 3-5

工作内容:1.涂刷聚氨酯底脂,刷聚氨酯防水层两遍,撒石碴做砂保护层;

2.清理基层、调配砂浆、铺抹砂浆养护。

单位:100m²

定额编号				E6-80	E6-81	E6-82	E6-83
项目				屋面防水			
				聚氨酯涂膜防水	掺无机铝盐防水剂屋面素水泥浆	掺无机铝盐防水剂屋面防水砂浆	防水砂浆屋面
基价				3405.09	160.57	1279.91	1177.17
其中	人工费(元)			238.68	90.32	492.34	504.97
	材料费(元)			3166.41	70.25	757.27	641.9
	机械费(元)			0	0	30.3	30.3
	名 称	单位	单价(元)	数 量			
人工	普工	工日	42.00	1.02	0.386	2.104	2.158
	技工	工日	48.00	4.08	1.544	8.416	8.632
材料	聚氨酯甲料	kg	11.56	105.55	—	—	—
	聚氨酯乙料	kg	11	165.13	—	—	—
	二甲苯	kg	9	12.96	—	—	—
	石碴	m³	42.51	0.31	—	—	—
	水泥浆	m³	481.95	—	0.1	0.1	0.1
	无机铝盐防水剂	kg	1.5	—	14.7	132.6	—
	水泥砂浆 1:2	m³	252.56	—	—	2.02	2.02
	防水粉	kg	1.26	—	—	—	66.3
机械	灰浆搅拌机 200L	台班	86.57	—	—	0.35	0.35

解:①根据工程项目内容及题意,见表2-13,查找××省2009年《园林绿化工程消耗量定额及统一基价表》,聚氨酯涂膜防水的定额编号为E6-80。

②聚氨酯涂膜防水的定额基价为3405.09元/100m²。其中人工费为238.68元/100m²;材料费为3166.41元/100m²;机械费为0元/100m²。

③换算后的定额基价为:E6-80换 = 3405.09 + 3166.41 × (3/2 - 1) = 4988.295(元/100m²)。

(3)砂浆配合比的换算

砂浆设计厚度与定额相同,而配合比与定额不同时的换算方法用公式表示如下:

$$换算后的定额基价 = 换算前原定额基价 + (应换入砂浆的单价 - 应换出砂浆的单价) ×$$

$$应换算砂浆的定额用量 \tag{3-7}$$

【例3-4】 某园路工程中路牙设计为1:2水泥砂浆,1:2石灰砂浆混凝土路缘石安砌,以××省2009年《园林绿化工程消耗量定额及统一基价表》为例,见表3-6~表3-8,试计算其定额基价。

路　牙 表3-6

工作内容:挂线、开槽、运料、调配砂浆、安砌、勾缝、回填、养护、清理。 单位:10m

定额编号				E2-58	E2-59	E2-60
项目				路牙		
				路缘石安砌		
				混凝土路缘石	花岗岩	R型彩色
基价				214.59	1824.37	692.13
其中	人工费(元)			59.86	153.34	1.39
	材料费(元)			79.56	1743.42	1.39
	机械费(元)			84.24	606.33	1.56
	名　称	单位	单价(元)	数　量		
人工	普工	工日	42.00	0.256	0.34	0.36
	技工	工日	48.00	1.023	1.36	1.44
材料	路缘石 70mm×150mm×500mm	块	5.77	20.8	—	—
	花岗石道牙	m	169	—	10.1	—
	R型彩色路缘石 100mm×180mm×140mm	m	55	—	—	10.2
	水泥砂浆1:3	m³	200.67	0.12	0.12	0.2
	石灰砂浆1:3	m³	104.01	0.06	0.06	—
	零星材料费	元	1	3	6.2	5.2
机械	灰浆搅拌机200L	台班	86.57	0.016	0.016	0.018

水泥砂浆配合比表

表 3-7

单位:m³

定额编号			6-18	6-19	6-20	6-21	6-22	6-23
项 目			水泥砂浆					
			1:1	1:1.5	1:2	1:2.5	1:3	1:4
基价(元)			431.84	397.00	370.86	334.04	296.69	250.13
名 称	单位	单价(元)	数 量					
材料	水泥 32.5	kg	0.46	782.000	664.000	577.000	485.000	404.000	303.000
	中(粗)沙	m³	93.19	0.760	0.970	1.120	1.180	1.180	1.180
	水	m³	3.15	0.410	0.370	0.340	0.310	0.280	0.250

石灰砂浆配合比表

表 3-8

单位:m³

定额编号			6-74	6-75	6-76	6-77
项 目			石灰砂浆			
			1:2	1:2.5	1:3	1:4
基价(元)			171.56	166.05	157.73	145.25
名 称	单位	单价(元)	数 量			
材料	石灰膏	m³	138.00	0.480	0.400	0.340	0.250
	中(粗)沙	m³	93.19	1.120	1.180	1.180	1.180
	水	m³	3.15	0.300	0.280	0.270	0.250

解:根据××省 2009 年《园林绿化工程消耗量定额及统一基价表》,见表 3-6～表 3-8,混凝土路缘石安砌,应套用 E2-58 子目,由于该子目是 1:3 水泥砂浆、1:3 石灰砂浆路牙混凝土路缘石安砌,与设计 1:2 水泥砂浆,1:2 石灰砂浆不同,所以需要换算。

①查定额子目,路牙混凝土路缘石安砌基价为 214.59 元/10m。

其中,1:3 水泥砂浆消耗量为 0.12m³/10m,单价为 200.67 元/m³;

1:3 石灰砂浆消耗量为 0.06m³/10m,单价为 104.01 元/m³。

按表 3-7、表 3-8,查××地区《园林绿化工程消耗量定额及统一基价表》附表的抹灰砂浆配合比表,定额子目 6-20,1:2 水泥砂浆基价为 370.86 元/m³;定额子目 6-74,1:2 石灰砂浆基价为 171.56 元/m³。

②换算后的基价为:E2-58$_{换}$＝214.59＋(370.86－200.67)×0.12m＋(171.56－104.01)×0.06＝239.07(元/10m)。

(4)砂浆厚度的换算

当施工图设计的砂浆配合比同定额相同,但厚度不同时,人工、材料、机械台班的消耗量均发生了变化,因此,不仅要调整人工、材料、机械台班的定额消耗量,还要调整人工费、材料费、机械费和定额基价。

换算方法是:根据定额中规定的每增减 1mm 厚度的费用及工、料、机的定额用量进行换算。

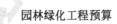

【例 3-5】 某园路工程中园路面层设计为 14cm 厚水刷石现浇混凝土路面,以××省 2009 年《园林绿化工程消耗量定额及统一基价表》为例,见表 3-9,试计算其定额基价。

园 路 及 地 面

表 3-9

工作内容:放线、整修路槽、夯实、修平垫层、调浆、铺面层、嵌缝、清扫。　　　　　　　　单位:10m²

定额编号			E2-15	E2-16	E2-17
项目			园路面层		
			现浇混凝土路面厚 12cm		
			纹形	水刷石	每增加 1cm
基价			361.8	555.87	24.02
其中	人工费(元)		124.49	260.11	6.55
	材料费(元)		233.03	291.88	3.88
	机械费(元)		6.55	17.2	0.27
名　称		单位	单价(元)	数　量	
人工	普工	工日	42.00	0.532	1.112	0.028
	技工	工日	48.00	2.128	4.446	0.112
材料	现浇混凝土 C15 碎石 40	m³	169.41	1.22	1.06	0.1
	水泥白石子浆 1:2	m³	535.67	—	0.16	—
	施工板枋材	m³	1550	0.015	0.015	—
	零星材料费	元	1	3.1	3.35	0.26
机械	滚筒式混凝土搅拌机 400L	台班	133.08	0.025	0.022	0.002
	混凝土振捣器平板式	台班	14.25	0.067	0.067	—

解:根据××省 2009 年《园林绿化工程消耗量定额及统一基价表》,见表 3-9,定额子目 E2-16 与 E2-17,12cm 厚水刷石现浇混凝土路面基价为 555.87 元/10m²,每增加 1cm,增加基价为 24.02 元/10m²,依题意,换算后的基价为:

$$E2\text{-}16 + 2E2\text{-}17 = 555.87 + 2 \times 24.02 = 603.91(元 /10m^2)$$

(5)材料规格调整换算法

当施工图纸设计的工程项目的主材用量与定额规定的主材规格不同而引起定额基价的变化时,必须进行材料用量换算。其换算的方法步骤如下。

①根据施工图纸设计的工程项目内容,查找说明及工程量计算规则,判断是否需要进行定额换算。

②计算工程项目定额单位主材数量,一般可按下式进行计算:

单位主材实际消耗量 = 被换主材单位用量 / 定额规定规格主材单位用量 ×

定额计量单位主材消耗量　　　　　　　　　　(3-8)

③计算换算后的定额基价,一般可按下式进行计算:

换算后的定额基价 = 换算前定额基价 + 单位主材增(减)数量 × 相应主材单价　(3-9)

【例 3-6】 某墙柱面工程镶贴块料面层,设计面砖规格为 150mm×150mm,单价为 40.00 元/百块,以××省 2009 年《园林绿化工程消耗量定额及统一基价表》为例,见表 3-10,试确定其换算后的定额基价。已知定额中面砖灰缝按 10mm 以内考虑。

镶 贴 块 料 面 层 　　　　　　表 3-10

工作内容:1.清理修补基层表面、打底抹灰、砂浆找平;

　　　　2.选料、抹结合层砂浆、贴面砖、擦缝、清洁表面。　　　　　　单位:100m²

定额编号				E7-95	E7-96	E7-97
项目				95×95 面砖		
				面砖灰缝(mm 以内)		
				5	10	20
基价				8323.12	8046.01	7549.34
其中	人工费(元)			2885.22	2878.67	2866.03
	材料费(元)			5391.81	5137.52	4632.90
	机械费(元)			46.09	47.82	50.41
名　　称		单位	单价(元)	数　　量		
人工	普工	工日	42.00	12.330	12.302	12.248
	技工	工日	48.00	49.320	49.208	48.992
材料	墙面砖 95mm×95mm	m²	51.80	92.600	87.290	76.460
	水泥砂浆 1:1	m³	296.71	0.150	0.220	0.410
	水泥砂浆 1:2	m³	252.56	0.510	0.510	0.510
	水泥砂浆 1:3	m³	200.67	1.680	1.680	1.680
	零星材料费	元	—	84.69	84.69	84.69
机械	手提砂轮切割机 φ150	台班	11.37	1.160	1.160	1.160
	灰浆搅拌机 200L	台班	86.57	0.380	0.400	0.430

注:面砖规格为 95mm×95mm,设计与定额不同时,块料数量允许换算,其他不变。

解: 根据××省 2009 年《园林绿化工程消耗量定额及统一基价表》,见表 3-10,查出镶贴面砖的定额项目编号为 E7-96,通过材料用量进行换算。

①查出定额子目,镶贴面砖的基价为 E7-96＝8046.01 元/100m²。规格为 95mm×95mm 面砖的消耗量定额为 87.290 百块/100m²,单价为 51.80 元/百块。

②计算规格为 150mm×150mm 面砖定额单位的消耗量。依题意,根据附注"面砖规格为 95mm×95mm,设计与定额不同时,块料数量允许换算,其他不变",故:规格为 150mm× 150mm 的面砖定额单位的消耗量＝[(0.095＋0.01)×(0.095＋0.01)÷(0.15＋0.01)× (0.15＋0.01)]×87.290＝37.59(百块/100m²)。

③算换算后定额基价为:E7-96换＝8046.01＋37.59×40.00－87.290×51.80＝5027.99(元/ 100m²)。

3.定额项目的补充

当分项工程的设计内容与定额项目规定的条件完全不相同时,或者由于设计采用的新结构、新材料、新工艺在地区消耗量定额中没有同类项目,可编制补充定额。

编制补充定额的方法通常有以下两种。

①按照本节介绍的编制方法计算项目的人工、材料和机械台班消耗量指标,然后分别乘以

地区人工工资单价、材料预算价格、机械台班使用费,然后汇总得补充项目的基价。

②补充项目的人工、机械台班消耗量,以同类型工序、同类型产品定额水平消耗量标准为依据,套用相近的定额项目,材料消耗量按施工图进行计算或实际测定。

补充项目的定额编号一般为"章号-节号-补×",×为序号。

(二)消耗量定额及地区

1.计算分部分项工程费

(1)定义

分部分项工程费是指定额计价体系下工程造价费用组成中直接用于工程实体的费用。

(2)计算公式

$$分部分项工程费 = 基价 \times 工程量 \tag{3-10}$$

(3)案例

【例3-7】 某园路工程中混凝土台阶6.4m³,以××省2009年《园林绿化工程消耗量定额及统一基价表》为例,见表3-11,查出该分项工程的基价并计算其分部分项工程费。

解:根据××省2009年《园林绿化工程消耗量定额及统一基价表》,查定额E2-71基价为276.51元/m³,分部分项工程费=6.4×276.51=387.16(元)。

台 阶

表3-11

工作内容:1.混凝土搅拌、运输、浇捣、养护;

2.基层清理、材料运输、砂浆调制运输、砌筑砖石。

单位:m³

定额编号				E2-71	E2-72	E2-73
项目				台阶		
				混凝土	砌机砖	砌毛石
基价				276.51	183.27	260.81
其中	人工费(元)			96.41	145.08	144.14
	材料费(元)			176.51	36.2	113.47
	机械费(元)			3.59	1.99	3.2
名 称		单位	单价(元)	数 量		
人工	普工	工日	42.00	0.412	0.62	0.616
	技工	工日	48.00	1.648	2.48	2.464
材料	现浇混凝土C15碎石40	m³	169.41	1.02	—	—
	标准砖240mm×115mm×53mm	块	0.23	—	0.531	—
	水泥混合砂浆M2.5	m³	142.37	—	0.25	0.41
	毛石(方正石)	kg	0.03	—	—	1820
	零星材料费	元	1	3.71	0.49	0.5
机械	滚筒式混凝土搅拌机400L	台班	133.08	0.021	—	—
	混凝土振捣器平板式	台班	14.25	0.056	—	—
	灰浆搅拌机200L	台班	86.57	—	0.023	0.037

2. 工料分析

(1)定义

工料分析是指用施工中构成工程实体的分部分项工程的工程量以及措施项目的工程量与相应定额中的项目所列的用工数量、材料数量和机械用量相乘后,计算出各分部分项工程所需的人工工日数、材料数量和机械用量,相加汇总得出单位工程所需要的人工、材料和机械数量的过程。

工料分析的结果是以分部分项工程中的定额消耗量为基础计算而来的,可作定额计价中计算价差的基础数据,也可作为清单计价中计算综合单价的组价基础。

(2)计算公式

$$人工耗用量 = \sum 定额单位人工用量 \times 分项工程量 \qquad (3-11)$$
$$\sum 材料耗用量 = \sum 定额单位材料用量 \times 分项工程量 \qquad (3-12)$$
$$\sum 机械用量 = \sum 定额机械用量 \times 工程量 \qquad (3-13)$$

(3)案例

【例3-8】 某园路工程中广场砖素拼铺装面积为15.28m²,以××省2009年《园林绿化工程消耗量定额及统一基价表》为例,见表3-12、表3-13,试查出该分项工程的基价,计算其分部分项工程费,并计算该分项工程所需主材及人工工日数。

园 路 及 地 面　　　　　　　　　　　　　　表 3-12

工作内容:选摆瓷片、贴瓷片、清扫等。　　　　　　　　　　　　　　单位:10m²

定额编号			E2-24	E2-25	E2-26
项目			园路面层		
			广场砖铺装素拼	广场砖铺装拼图案	陶瓷片拼花拼字
基价			1491.86	1509.61	927.15
其中	人工费(元)		140.4	154.44	842.4
	材料费(元)		1349.47	1353.18	84.4
	机械费(元)		1.99	1.99	0.35
名 称		单位	单价(元)	数 量	
人工	普工	工日	42.00	0.6	0.66	3.6
	技工	工日	48.00	2.4	2.64	14.4
材料	麻石广场砖δ18	m²	126	10	—	—
	广场砖综合型	m²	126.36	—	10	—
	碎瓷片	kg	0.68	—	—	94.5
	水泥砂浆 1∶3	m³	200.67	0.25	0.25	—
	水泥砂浆 1∶1.5	m³	271.46	—	—	0.04
	白水泥浆	m³	902.51	—	—	0.01
	零星材料费	元	1	39.31	39.41	0.25
机械	灰浆搅拌机 200L	台班	86.57	0.023	0.023	0.004

水泥砂浆配合比表

表 3-13

单位：m³

定额编号			6-18	6-19	6-20	6-21	6-22	6-23
项目			水泥砂浆					
			1:1	1:1.5	1:2	1:2.5	1:3	1:4
基价(元)			431.84	397.00	370.86	334.04	296.69	250.13
名　称	单位	单价(元)	数　量					
材料	水泥 32.5	kg	0.46	782.000	664.000	577.000	485.000	404.000	303.000
	中(粗)砂	m³	93.19	0.760	0.970	1.120	1.180	1.180	1.180
	水	m³	3.15	0.410	0.370	0.340	0.310	0.280	0.250

解：根据××省 2009 年《园林绿化工程消耗量定额及统一基价表》，查定额 E2-24，基价为 1491.86 元/10m²，直接工程费 = 15.28×1491.86 = 2279.56(元)。主材用量及人工用量计算如下。

人工：　　　　　普工消耗量 = 0.6×15.28 = 0.92(工日)

技工消耗量 = 2.4×15.28 = 3.67(工日)

材料：水泥砂浆 1:3 消耗量 = 15.28×0.25 = 0.38(m³)，参考表 2-20 水泥砂浆配合比 6-22 可知：

32.5 级水泥用量为 404.000×0.38 = 153.52(kg)

中(粗)砂为 1.180×0.38 = 0.45(m³)

水为 0.280×0.38 = 0.11(m³)

麻石广场砖 δ18 为 10×15.28 = 15.28(m²)

零星材料费为 39.31×15.28 = 60.07(元)

机械：灰浆搅拌机 200L 消耗量 = 0.023 台班/10m²×15.28m² = 0.04(台班)

3. 清单计价体系下综合单价组价

由于目前企业定额尚未真正形成，各单位投标报价仍离不开消耗量定额的参考作用，如在清单计价体系中分部分项工程的单价(即综合单价)的形成，主要参考定额消耗量，详见本书第四章。

4. 计算计价工程量(或方案工程量)

园林绿化工程消耗量定额中的工程量计算规则在清单计价体系中用以确定计价工程量，详见本章定额计价方法。

第四节　定额计价方法

定额计价方法，包含三个方面的内容，即工程的"量、价、费"的计算。其中，"量"是指工程量，"价"是指基价，"费"是指工程的分部分项工程费、措施项目费、其他项目费、规费和税金项目费。

定额计价主要包含三大程序的列项、算量和计价，本章以投标文件为例说明定额计价的方法。

一 工程列项

(一)列项依据

(1)园林绿化工程招标文件。
(2)现场勘查资料及答疑文件。
(3)各省、市、自治区颁发的计价定额及费用定额。
(4)经审核的施工图纸。
(5)其他相关资料。

(二)列项案例

1.识图(图 3-1～图 3-6)

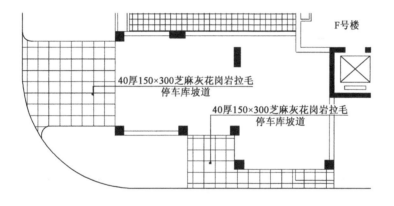

图 3-1　坡道铺装平面图一(尺寸单位:mm)

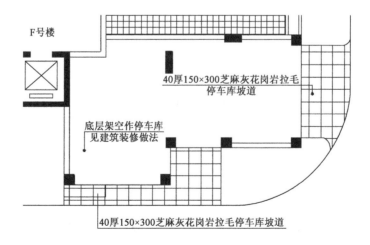

图 3-2　坡道铺装平面图二(尺寸单位:mm)

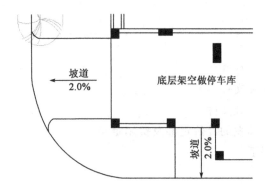

图 3-3　坡道定位图一

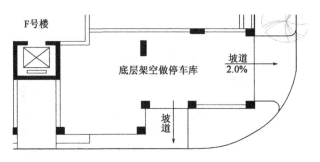

图 3-4　坡道定位图二

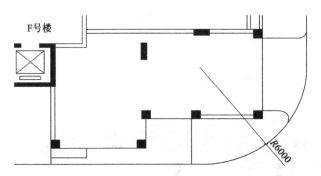

图 3-5　坡道平面图一(尺寸单位:mm)

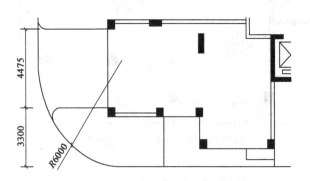

图 3-6　坡道平面图二(尺寸单位:mm)

2.列项

根据列项依据,列项如下:

(1)芝麻灰花岗岩坡道平整场地;

(2)填方回填土、夯实及场地平整,原土夯实槽、坑;

(3)园路垫层:碎石干铺;

(4)园路垫层:混凝土换成现浇 C15 碎石 40;

(5)园路面层,花岗岩地面厚 30mm 换为水泥砂浆 1:2.5。

 计算工程量

(一)工程量计算规则

以某省消耗量定额计算规则为例,计算规则节选如下:

(1)园路垫层按设计图示尺寸乘以厚度,以立方米计算;

(2)各种园路面层均按设计图示尺寸以平方米计算;

(3)坡道园路带踏步的,其踏步部分予以扣除,并另按台阶相应定额子目计算;

(4)台阶和坡道的踏步面层按图示水平投影面积以立方米计算。

(二)列表算量

为了规整、准确计算,方便后期校对,在计算工程量时一般采用列表的方式进行,以上图为例,工程量计算见表 3-14。

定额(计价)工程量计算表

工程名称:某小区园林景观工程

表 3-14

第　页　共　页

序号	定额编号	分部分项工程名称	部位	单位	数量	计　算　式	备注
1	借 G4-6	芝麻灰花岗岩坡道平整场地		m²	52.5	5×4.475+2.5×(4.475+2.575)+3×2.7+(7.875-2.7)×0.85	
2	借 G4-4	填方回填土、夯实及场地平整原土夯实槽、坑		m²	52.5		
3	E2-6	园路垫层碎石干铺		m³	7.875	52.5×015	
4	E2-12	园路垫层混凝土换成现浇 C15 碎石 40		m²	5.25	52.5×0.1	
5	E2-20	园路面层,花岗岩地面厚 30mm 换为水泥砂浆1:2.5		m²	52.5		

三 计算各项费用

（1）计算单位分部分项工程费，见表3-15。

单位工程分部分项工程费表

表3-15

工程名称：某小区园林景观工程　　　　　　　　　　　　　　　　　　第1页　共1页

序号	编号	定额名称	单位	工程量	单价（元）	人工费单价	材料费单价	机械费单价	合价（元）	人工费合价	材料费合价	机械费合价
						其中（元）				其中（元）		
1	借G4-6	填方回填土、夯实及场地平整	100m²	0.525	132.3	132.3			69.46	69.46		
2	借G4-4	填方回填土、夯实及场地平整，原土夯实平地	100m²	0.525	52.89	39.06		13.83	27.77	20.51		7.26
3	E2-6	园路垫层：碎石干铺	m³	7.875	124.1	39.78	77.9	6.42	977.29	313.27	613.46	50.56
4	E2-12	园路垫层：混凝土	m³	5.25	269.85	72.07	171.54	26.24	1416.71	378.37	900.59	137.76
5	E2-20	园路面层：花岗岩地面，厚30mm	10m²	5.25	1015.56	210.6	802.62	2.34	5331.69	1105.7	4213.8	12.29

（2）根据各地区费用定额计算其他费用，见表3-16～表3-19。

单位工程费用汇总表

表3-16

工程名称：某小区园林景观工程　　　　　　　　　　　　　　　　　　第1页　共4页

序号	费用名称	取费基数	费率（%）	费用金额（元）
1	建筑工程12层以下	建筑工程12层以下		155.46
一	分部分项工程费	人工费＋材料费＋未计价材料费＋机械使用费＋构件增值税		97.23
1.1	人工费	人工费		89.97
1.2	材料费	材料费		
1.3	未计价材料费	主材费		
1.4	机械使用费	机械费		7.26
1.5	构件增值税	构件增值税	7.05	
二	措施项目费	技术措施费＋组织措施费		4.62
2.1	技术措施费	人工费＋材料费＋机械费		
2.1.1	人工费	技术措施项目人工费		
2.1.2	材料费	技术措施项目材料费		
2.1.3	机械费	技术措施项目机械费		
2.2	组织措施费	安全文明施工费＋其他组织措施费		4.62
2.2.1	安全文明施工费	直接工程费＋技术措施费	4.15	4.04

序号	费 用 名 称	取 费 基 数	费率(%)	费用金额(元)
2.2.2	其他组织措施费	直接工程费+技术措施费	0.6	0.58
三	总包服务费	总承包管理和协调+总承包管理、协调和配合服务+招标人自行供应材料		
3.1	总承包管理和协调			
3.2	总承包管理、协调和配合服务			
3.3	招标人自行供应材料			
四	价差	材料价差+机械价差		
4.1	材料价差	材料价差		
4.2	机械价差	机械价差-机上人工价差		
五	施工管理费	直接工程费+措施项目费	5.45	5.55
六	利润	直接工程费+措施项目费+价差	5.15	5.25
七	规费	直接工程费+措施项目费+总包服务费+价差+施工管理费+利润	6.35	7.15
八	安全技术服务费	直接工程费+措施项目费+总包服务费+价差+施工管理费+利润+规费	0.12	0.14
九	不含税工程造价	直接工程费+措施项目费+总包服务费+价差+施工管理费+利润+规费+安全技术服务费+人工费调整		149.93
十	税前包干项目	税前包干价		
十一	人工费调整	人工价差+机上人工价差		29.99
十二	税金	不含税工程造价+税前包干价-税后包干人工费调整	3.6914	5.53
十三	税后包干项目	税后包干价		
十四	含税工程造价	不含税工程造价+税金+税前包干项目+税后包干项目-甲供材料市场价合计-甲供主材费		155.46

49

编制人：　　　　　　　　　审核人：　　　　　　　　　编制日期：

单位工程费用汇总表　　　　　　　　　表3-17

工程名称：某小区园林景观工程　　　　　　　　　第2页　　共4页

序号	费 用 名 称	取 费 基 数	费率(%)	费用金额(元)
2	绿化工程	绿化工程		
一	直接工程费	人工费+材料费+未计价材料费+机械使用费+构件增值税		
1.1	人工费	人工费		
1.2	材料费	材料费		
1.3	未计价材料费	主材费		

序号	费用名称	取费基数	费率（%）	费用金额（元）
1.4	机械使用费	机械费		
1.5	构件增值税	构件增值税	7.05	
二	措施项目费	技术措施费＋组织措施费		
2.1	技术措施费	人工费＋材料费＋机械费		
2.1.1	人工费	技术措施项目人工费		
2.1.2	材料费	技术措施项目材料费		
2.1.3	机械费	技术措施项目机械费		
2.2	组织措施费	安全文明合计＋其他组织措施费		
2.2.1	安全文明合计	安全文明施工费＋扬尘污染防治增加费		
2.2.1.1	安全文明施工费	人工费＋机械使用费＋人工费＋机械费	2.7	
2.2.1.2	扬尘污染防治增加费	人工费＋机械使用费＋人工费＋机械费	0.84	
2.2.2	其他组织措施费	人工费＋机械使用费＋人工费＋机械费	1.9	
三	总包服务费	总承包管理和协调＋总承包管理、协调和配合服务＋招标人自行供应材料		
3.1	总承包管理和协调			
3.2	总承包管理、协调和配合服务			
3.3	招标人自行供应材料			
四	价差	材料价差＋机械价差		
4.1	材料价差	材料价差		
4.2	机械价差	机械价差－机上人工价差		
五	施工管理费	人工费＋机械使用费＋人工费＋机械费	7	
六	利润	人工费＋机械使用费＋人工费＋机械费	5.5	
七	规费	人工费＋机械使用费＋人工费＋机械费	16.45	
八	安全技术服务费	直接工程费＋措施项目费＋总包服务费＋价差＋施工管理费＋利润＋规费	0.12	
九	不含税工程造价	直接工程费＋措施项目费＋总包服务费＋价差＋施工管理费＋利润＋规费＋安全技术服务费＋人工费调整		
十	税前包干项目	税前包干价		
十一	人工费调整	人工价差＋机上人工价差		
十二	税金	不含税工程造价＋税前包干价－税后包干人工费调整	3.6914	
十三	税后包干项目	税后包干价		
十四	含税工程造价	不含税工程造价＋税金＋税前包干项目		

编制人：　　　　　　　　　审核人：　　　　　　　　　编制日期：

50

工程名称：某小区园林景观工程　　　　　　　　　　　　

序号	费用名称	取费基数	费率（%）	费用金额（元）
		税后包干项目－甲供材料市场价合计－甲供主材费		
3	园林建筑工程	园林建筑工程		11025.85
一	直接工程费	人工费＋材料费＋未计价材料费＋机械使用费＋构件增值税		7725.71
1.1	人工费	人工费		1797.29
1.2	材料费	材料费		5727.81
1.3	未计价材料费	主材费		
1.4	机械使用费	机械费		200.61
1.5	构件增值税	构件增值税	7.05	
二	措施项目费	技术措施费＋组织措施费		190.6
2.1	技术措施费	人工费＋材料费＋机械费		
2.1.1	人工费	技术措施项目人工费		
2.1.2	材料费	技术措施项目材料费		
2.1.3	机械费	技术措施项目机械费		
2.2	组织措施费	安全文明合计＋其他组织措施费		190.6
2.2.1	安全文明合计	安全文明施工费＋扬尘污染防治增加费		144.25
2.2.1.1	安全文明施工费	直接工程费＋技术措施费	1.65	127.47
2.2.1.2	扬尘污染防治增加费	人工费＋机械使用费＋人工费＋机械费	0.84	16.78
2.2.2	其他组织措施费	直接工程费＋技术措施费	0.6	46.35
三	总包服务费	总承包管理和协调＋总承包管理、协调和配合服务＋招标人自行供应材料		
3.1	总承包管理和协调			
3.2	总承包管理、协调和配合服务			
3.3	招标人自行供应材料			
四	价差	材料价差＋机械价差		
4.1	材料价差	材料价差		
4.2	机械价差	机械价差－机上人工价差		
五	施工管理费	直接工程费＋措施项目费	5.45	431.44
六	利润	直接工程费＋措施项目费＋价差	5.15	407.69
七	规费	直接工程费＋措施项目费＋总包服务费＋价差＋施工管理费＋利润	6.35	555.97
八	安全技术服务费	直接工程费＋措施项目费＋总包服务费＋价差＋施工管理费＋利润＋规费	0.12	11.17

51

续上表

序号	费用名称	取费基数	费率(%)	费用金额(元)
九	不含税工程造价	直接工程费+措施项目费+总包服务费+价差+施工管理费+利润+规费+安全技术服务费+人工费调整		10633.33
十	税前包干项目	税前包干价		
十一	人工费调整	人工价差+机上人工价差		1310.75
十二	税金	不含税工程造价+税前包干价-税后包	3.6914	392.52

编制人：　　　　　　　审核人：　　　　　　　　　编制日期：

单位工程费用汇总表　　　　　　　　　表 3-19

工程名称：某小区园林景观工程　　　　　　　第 4 页　共 4 页

序号	费用名称	取费基数	费率(%)	费用金额(元)
		干人工费调整		
十三	税后包干项目	税后包干价		
十四	含税工程造价	不含税工程造价+税金+税前包干项目+税后包干项目-甲供材料市场价合计-甲供主材费		11025.85
4	工程造价	专业造价总合计		11181.31

编制人：　　　　　　　审核人：　　　　　　　　　编制日期：

　　由于本案例是一个局部的坡道工程，不是整个单位工程，因此，单位工程汇总表只是示意计算程序和方法，学生可用完整的图纸，根据各地区的费用定额进行计算练习。

◀ **课堂练习题** ▶

　　1.下列不是材料单价组成的是(　　)。

　　A.材料原价　　　　　　　　　　B.新材料检验试验费

　　C.材料运杂费　　　　　　　　　D.材料采购人员的工资

　　2.基价是由(　　)组成的。

　　A.人工费　　　　　　　　　　　B.人工幅度差

　　C.材料费　　　　　　　　　　　D.机械费

　　E.构件增值税

　　3.建筑业全年每月平均工作天数为(　　)。

　　A.20.33　　　　　B.20.92　　　　　C.20.53　　　　　D.20.83

　　4.定额套用的方式有(　　)。

　　A.直接套用　　　　　　　　　　B.估计

　　C.换算　　　　　　　　　　　　D.补充

E. 分析

5. 住房公积金是(　　)。

　　A. 企业管理费　　　　B. 规费　　　　　　C. 财产保险费　　　D. 利润

6. 夜间施工费属于(　　)。

　　A. 规费　　　　　　　B. 企业管理费　　　C. 人工费　　　　　D. 措施费

7. 以下属于企业管理费的是(　　)。

　　A. 固定资产使用费　　　　　　　　　B. 印花税

　　C. 职工教育经费　　　　　　　　　　D. 财务费

8. 下列费用中,属于建筑安装工程规费项目内容的是(　　)。

　　A. 工程排污费　　　　　　　　　　　B. 工程点交费

　　C. 特殊地区施工增加费　　　　　　　D. 土地使用费

　　E. 特殊工种安全保险费

9. 下列费用中不属于企业管理费的是(　　)。

　　A. 生产工人劳动保护费　　　　　　　B. 临时设施费

　　C. 管理人员工资　　　　　　　　　　D. 差旅交通费

　　E. 脚手架费

10. 园路工程量按(　　)计算。

　　A. 米　　　　　　　　B. 展开面积　　　C. 体积　　　　　　D. 图示尺寸以面积

◀ **复习思考题** ▶

1. 什么是地区单位估价表? 它由哪些内容组成?

2. 地区单位估价表如何使用?

3. 什么是工料分析? 有哪些作用?

4. 什么是工程量? 工程量计算的依据是什么?

5. 某工程中圆弧形砖墙水刷石工程量为 550m²,试根据本地区定额计算该分项工程人工、主材需用量。

第四章
园林绿化工程清单计价

【知识要点】

1.工程量清单计价模式下的园林绿化工程计量与计价(计量规范规定,计量步骤、方法,案例演示以及清单计价的含义、原则,清单计价文件编制的程序)。

2.综合单价(定义、组价方法)。

3.清单计价表的编制方法(分部分项工程清单与计价表、措施项目清单与计价表、其他项目清单与计价表、规费及税金项目清单与计价表)。

【学习要求】

1.了解清单项目计量计价的相关知识点。

2.熟悉《建设工程工程量清单计价规范》(GB 50500—2013)、《园林绿化工程计量规范》(GB 50854—2013),清单项目的编码、计量的计算规则、计量的内容、计量单位、项目特征及每个项目的适用范围。

3.掌握清单项目工程量的计算,熟练编制工程量清单,掌握综合单价组价方法,掌握清单计价表的编制方法及报价文件的编制。

第一节　工程量清单计价及计量规范

《建设工程工程量清单计价规范》(GB 50500—2013)概述

(一)"计价规范"出台的背景

1.我国已由定额计价体系转为工程量清单计价体系

通过 2003 版和 2008 版《建设工程工程量清单计价规范》的普遍使用,我国工程建设项目已由定额计价体系转变为工程量清单计价体系。

2. 法律法规合同范本出台的支持

《建设工程工程量清单计价规范》(GB 50500—2003)(以下简称 2003 版《计价规范》)、《最高人民法院关于审理建设工程施工合同纠纷案件适用法律问题的解释》(法释[2004]14 号)、《建设工程价款结算暂行办法》(财建[2004]369 号)、《建筑安装工程费用项目组成》(建表[2003]206 号)、《建筑工程安全防护、文明施工措施费及使用管理规定》(建办[2005]89 号)、《高危行业企业安全生产费用财务管理暂行办法》(财企[2006]478 号)、《标准施工招标文件》(第 56 号令)、2008 版《建筑工程工程量清单计价规范》(GB 50500—2008)(以下简称 2008 版《计价规范》)、《公路工程标准施工招标文件》(2009 版)、《水利水电工程标准施工招标文件》(2009 版)、《房屋建筑和市政工程标准施工招标文件》(2010 年版)、中价协发布的编审规程如《建设工程招标控制价编审规程》(中价协 2011—013 号)、《中华人民共和国招标投标法实施条例》(国务院第 613 号令)等法律法规、规范以及合同范本的出台为《建设工程工程量清单计价规范》(GB 50500—2013)(以下简称 2013 版《计价规范》)的编写提供了技术和依据支持。

3. 建设项目的合同管理与项目管理的能力不断增强

随着建筑业市场的发展,我国建设工程项目的参与者对于合同管理和项目管理的能力正逐步增强,新版清单规范更加全面、深入,对操作性强的清单规范的需求也逐渐加强。

(二)"建设工程工程量清单计价"的意义

1. 新清单规范是对前两版规范(2003 版《计价规范》和 2008 版《计价规范》)的继承和发展

2013 版《计价规范》并不是无源之水、无本之木,而是在 2003 版《计价规范》和 2008 版《计价规范》的基础上发展而来的,2003 版《计价规范》条数量为 45 条,2008 版《计价规范》增加到 136 条,而 2013 版《计价规范》又增加到 328 条,而对于清单的整体内容则基本一样,分别是正文规范、工程计量规范、条文说明。

2. 解决工程项目中实际存在的问题

2013 版《计价规范》对项目特征描述不符、清单缺项、承包人报价浮动率、提前竣工(赶工补偿)、误期赔偿等工程项目实际问题进行了明确规定,在 2008 版《计价规范》的基础上丰富了内容,为解决工程项目实际问题提供了依据,使新清单更加全面,可操作性更强。

3. 符合工程价款精细化、科学化管理的要求

建筑业的发展要求建设项目参与方要对工程价款进行精细化、科学化的管理,保证参与方的利益。2013 版《计价规范》在 2008 版《计价规范》的基础上对工程项目全过程的价款管理进行了约定(包括工程量清单、招标控制价格、招标价、签约合同价、工程计量、价款的调整与支付、争议解决、资料与档案管理、工程造价等内容),并涉及重大的现实问题(如对承包人报价浮动率、项目特征描述不符、工程量清单缺项的影响合同价款的重大事情的约定),并且强化了清单的操作性(如对承包商报价浮动率、工程变更项目综合单价以及工程量偏差部分分部分项工程费的计算给出了明确的规定),这些特点正好满足工程价款精细化管理的需求,为工程价款精细化、科学化管理提供了有力依据。

4. 新清单规范把计量和计价两部分实际分开

2013 版《计价规范》在 2008 版《计价规范》的基础上,把计量和计价两部分的规定实际分开:先是对计价内容进行了规范,形成了共 328 条规定,然后单独给出了 9 个专业(分别是房屋

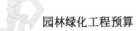

建筑与装饰工程、仿古建筑工程、通用安装工程、市政工程、园林绿化工程、构筑物工程、矿山工程、城市轨道交通工程、爆破工程)的工程计量规范。

5. 增强了与合同的契合度,需要造价管理与合同管理相统一

2013 版《计价规范》提高了对合同的重视程度,工程造价全过程管理意识更强,尤其细化了合同价款的调整与支付的规定。规范中的合同价款调整部分划分了 14 个子项,并分 3 章对工程计量与工程价款支付进行了详细规定。

2013 版《计价规范》出台后要求工程造价管理人员在进行造价管理时充分了解合同内容以及合同管理的特点,将二者相统一,才能切实提高工程造价管理水平。

(三)2013 版《计价规范》的亮点

1. 工程价款管理

2013 版《计价规范》对工程量清单、招标控制价、投标价、签约合同价、工程计量、价款的调整与支付、争议解决、资料与档案管理、工程造价鉴定等工程价款全过程管理的内容进行了约定,体现了全过程管理的思想。

2. 丰富了 2008 版《计价规范》的内容

2013 版《计价规范》的条文数量由 2008 版《计价规范》的 136 条增加到 328 条,其中对原强制性条文进行了增减,但强制性条文总数没变,仍为 15 条。

3. 重视过程管理

2013 版《计价规范》对工程量清单的编制、招标控制价、投标报价、签约合同价、合同价款的调整、工程计量以及价款的期中支付都有着明确详细的规定。这体现出 2013 版《计价规范》由过去重结算的造价管理向重前期管理的方向转变。给参与方在招投标阶段、合同签订阶段、施工阶段的价款管理提供了有力的依据。

4. 对强制性条款的规定进行了改变

2013 版《计价规范》减少了分部分项工程量清单编制的强制性规定,增加了对风险分担、招标控制价使用、措施项目清单编制、投标报价、工程计量五个内容的强制性条文,体现出新规范的全面性,更体现出这五个内容的重要性。此外,新规范加强了对"分部分项工程项目清单的组成及其编制"的强制性条文语气,由 2008 版《计价规范》的"应"变为 2013 版《计价规范》的"必须"。

5. 细化了措施项目费计算的规定,改善了计量计价的可操作性

2013 版《计价规范》更加关注措施项目费的分类与计算方法。规范中新增的 9.3.2、9.5.2 及 9.5.3 款详细规定了因工程变更及工程量清单缺项导致的调整措施项目费与新增措施项目费的计算原则与计算方法。

阐述更详尽的计价条款提高了 2013 版《计价规范》的可操作性,其指导性更强。规范中的 9.3.1 款、9.3.3 款与 9.6.2 款对承包商报价浮动率、工程变更项目综合单价以及工程量偏差部分分部分项工程费的计算均给出了明确的计算说明和计算公式。

6. 提高了合同各方风险分担的强制性,要求发承包双方明确各自的风险范围

2013 版《计价规范》对计价风险的说明,由适用性转变为强制性条文,例如 3.4.1 款规定建筑工程施工发承包,应在招标文件、合同中明确计价中的风险内容及其范围(幅度),不得采

用无限风险或类似语句规定计价中的风险内容及其范围(幅度)。此外,5.2.2款的第一条新增了对风险的补充说明。9.7.2款对物价波动引起的价款调整范围进行了规定。对发包人提供材料和工程设备承担风险、承包人提供和工程设备承担风险、招标控制价准确性的风险范围(招标控制价复查结论与原公布的招标控制价误差应小于3%,否则招标人应改正)、工程变更综合单价承担的风险(即考虑承包人报价浮动率)、工程量偏差引起价款调整的风险等内容进行了明确规定。

 2013 版《计价规范》的主要内容介绍

(一)总则

(1)为规范建设工程施工发承包计价行为,统一建设工程工程量清单的编制和计价方法,根据《中华人民共和国建筑法》《中华人民共和国合同法》《中华人民共和国招标投标法》,制定本规范。

(2)本规范适用于建设工程发承包及实施阶段的计价活动。

(3)建设工程发承包及实施阶段的工程造价,应由分部分项工程费、措施项目费、其他项目费、规费和税金组成。

(4)招投标工程量清单、招投标控制价、投标报价、工程计量、合同价款调整、合同价款结算与支付以及工程造价鉴定等工程造价文件的编制与核对,应由具有专业资格的工程造价人员承担。

(5)承担工程造价文件的编制与核对的工程造价人员及其所在单位,应对工程造价文件的质量负责。

(6)建设工程发承包及实施阶段的计价活动应遵循客观、公正、公平的原则。

(7)建设工程施工发承包计价活动,除应遵守本规范外,尚应符合国家现行有关标准的规定。

(二)术语

1. 工程量清单[bills of quantities(BQ)]
工程量清单载明建设工程的分部分项工程项目、措施项目、其他项目的名称和相应数量以及规费、税金项目等内容的明细清单。

2. 招标工程量清单(BQ for tendering)
招标工程量清单是由招标人依据国家标准、招标文件、设计文件以及施工现场实际情况编制的,随招标文件发布供投标报价的工程量清单,包括其说明和表格。

3. 已标价工程量清单(priced BQ)
已标价工程量清单构成合同文件组成部分的投标文件中已标明价格,经算术性错误修正(如有)且承包人已确认的工程量清单,包括对其的说明和表格。

4. 分部分项工程(work sections and trades)
分部工程是单项或单位工程的组成部分,是按结构部位、路段长度及施工特点或施工任务

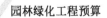

将单项或单位工程划分为若干分部的工程;分项工程是分部工程的组成部分,是按不同施工方法、材料、工序及路段长度等将分部工程划分为若干个分项或项目的工程。

5.措施项目(preliminaries)

为完成工程项目施工,发生于该工程施工准备和施工过程中的技术、生活、安全、环境保护等方面的项目称为措施项目。

6.项目编码(item code)

项目编码为分部分项工程和措施项目清单的阿拉伯数字标识。

7.项目特征(item description)

构成分部分项工程项目、措施项目自身价值的本质特征即为项目特征。

8.综合单价(all-in unit rate)

综合单价是指完成一个规定清单项目所需的人工费、材料和工程设备费、施工机具使用费和企业管理费、利润以及一定范围内的风险费用。

9.风险费用(risk allowance)

风险费用是指隐含于已标价工程量清单综合单价中,用于化解发承包双方在工程合同中约定内容和范围内的市场价格波动风险的费用。

10.工程成本(construction cost)

工程成本是指承包人为实施合同工程并达到质量标准,在确保安全施工的前提下,必须消耗或使用的人工、材料、工程设备、施工机械台班及其管理等方面发生的费用和按规定缴纳的规费和税金。

11.单价合同(unit rate contract)

单价合同是指发承包双方约定以工程量清单及其综合单价进行合同价款计算、调整和确认的建设工程施工合同。

12.总价合同(lump sum contract)

总价合同是指发承包双方约定以施工图及其预算和有关条件进行合同价款计算、调整和确认的建设工程施工合同。

13.成本加酬金合同(cost plus contract)

成本加酬金合同是指发承包双方约定以施工工程成本再加合同约定酬金进行合同价款计算、调整和确认的建设工程施工合同。

14.工程造价信息(guidance cost information)

工程造价信息是指工程造价管理机构根据调查和测算发布的建设工程人工、材料、工程设备、施工机械台班的价格信息,以及各类工程的造价指数、指标。

15.工程造价指数(construction cost index)

反映一定时期的工程造价相对于某一固定时期的工程造价变化程度的比值或比率即为工程造价指数。包括按单位或单项工程划分的造价指数,按工程造价构成要素划分的人工、材料、机械等价格指数。

16.工程变更(variation order)

工程变更是指合同工程实施过程中由发包人提出或由承包人提出经发包人批准的合同工程任何一项工作的增、减、取消或施工工艺、顺序、时间的改变;设计图纸的修改;施工条件的改变;招标工程量清单的错、漏从而引起合同条件的改变或工程量的增减变化。

17. 工程量偏差(discrepancy in BQ quantity)

工程量偏差是指承包人按照合同工程的图纸(含经发包人批准由承包人提供的图纸)实施,按照现行国家计量规范规定的工程量计算规则计算得到的完成合同工程项目应予计量的工程量与相应的招标工程量清单项目列出的工程量之间出现的偏差。

18. 暂列金额(provisional sum)

暂列金额是指招标人在工程量清单中暂定并包括在合同价款中的一笔款项。用于工程合同签订时尚未确定或者不可预见的所需材料、工程设备、服务的采购,施工中可能发生的工程变更、合同约定调整因素出现时的合同价款调整以及发生的索赔、现场签证确认等的费用。

19. 暂估价(prime cost sum)

暂估价是指招标人在工程量清单中提供的用于支付必然发生但暂时不能确定价格的材料、工程设备的单价以及专业工程的金额。

20. 计日工(daywork)

计日工是指在施工过程中,承包人完成发包人提出的工程合同范围以外的零星项目或工作,按合同中约定的单价计价的一种方式。

21. 总承包服务费(main contractor's attendance)

总承包服务费是指总承包人为配合协调发包人进行的专业工程分包,对发包人自行采购的材料、工程设备等进行保管以及施工现场管理、竣工资料汇总整理等服务所需的费用。

22. 安全文明施工费(health,safely and environmental provisions)

安全文明施工费是指在合同履行过程中,承包人按照国家法律、法规、标准等规定,为保证安全施工、文明施工,保护现场内外环境和搭拆临时设施等所采用的措施而发生的费用。

23. 索赔(claim)

索赔是指在工程合同履行过程中,合同当事人一方因非己方的原因而遭受损失,按合同约定或法规规定应由对方承担责任,从而向对方提出补偿的要求。

24. 现场签证(site instruction)

现场签证是指发包人现场代表(或其授权的监理人、工程造价咨询人)与承包人现场代表就施工过程中涉及的责任事件所作的签认证明。

25. 提前竣工(赶工)费[early completion(acceleration)cost]

提前竣工费是指承包人应发包人的要求而采取加快工程进度的措施,使合同工程工期缩短,由此产生的应由发包人支付的费用。

26. 误期赔偿费(delay damages)

误期赔偿费是指承包人未按照合同工程的计划进度施工,导致实际工期超过合同工期(包括经发包人批准的延长工期),承包人应向发包人赔偿损失的费用。

27. 不可抗力(force majeure)

不可抗力是指发承包双方在工程合同签订时不能预见的,对其发生的后果不能避免,并且不能克服的自然灾害和社会性突发事件。

28. 工程设备(engineering facility)

工程设备是指构成或计划构成永久工程一部分的机电设备、金属结构设备、仪器装置及其

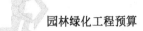

他类似的设备和装置。

29.缺陷责任期(defect liability period)

缺陷责任期是指承包人对已交付使用的合同工程承担合同约定的缺陷修复责任的期限。

30.质量保证金(retention money)

质量保证金是指发承包双方在工程合同中约定,从应付合同价款中预留,用以保证承包人在缺陷责任期内履行缺陷修复义务的金额。

31.费用(fee)

费用是指承包人为履行合同所发生或将要发生的所有合理开支,包括管理费和应分摊的其他费用,但不包括利润。

32.利润(profit)

利润是指承包人完成合同工程获得的盈利。

33.企业定额(corporate rate)

企业定额是指施工企业根据本企业的施工技术、机械装备和管理水平而编制的人工、材料和施工机械台班等的消耗标准。

34.规费(statutory fee)

规费是指根据国家法律、法规规定,由省级政府或省级有关权力部门规定施工企业必须缴纳的,应计入建筑安装工程造价的费用。

35.税金(tax)

税金是指国家税法规定的应计入建筑安装工程造价内的营业税、城市维护建设税、教育费附加和地方教育附加。

36.发包人(employer)

发包人是指具有工程发包主体资格和支付工程价款能力的当事人以及取得该当事人资格的合法继承人,本规范有时又将其称为招标人。

37.承包人(contractor)

承包人是指被发包人接受的具有工程施工承包主体资格的当事人以及取得该当事人资格的合法继承人,本规范有时又称其为投标人。

38.工程造价咨询人[cost engineering consultant(quantity surveyor)]

工程造价咨询人是指取得工程造价咨询资质等级证书,接受委托从事建设工程造价咨询活动的当事人以及取得该当事人资格的合法继承人。

39.造价工程师[cost engineering(quantity surveyor)]

造价工程师是指取得造价工程注册证书,在一个单位注册、从事建设工程造价活动的专业人员。

40.造价员(cost engineering technician)

造价员是指取得全国建设工程造价员资格证书,在一个单位注册、从事建设工程造价活动的专业人员。

41.单价项目(unit rate project)

单价项目是指工程量清单中以单价计价的项目,即根据合同工程图纸(含设计变更)和相关工程现行国家计量规范规定的工程量计算规则进行计量,与已标价工程量清单相应综合单价进行价款计算的项目。

42. 总价项目(lump sum project)

总价项目是指工程量清单中以总价计价的项目,即此类项目在相关工程现行国家计量规范中无工程量计算规则,须以总价(或计算基础乘费率)计算的项目。

43. 工程计量(measurement of quantities)

工程计量是指发承包双方根据合同约定,对承包人完成合同工程的数量进行的计算和确认。

44. 工程结算(final account)

工程结算是指发承包双方根据合同约定,对合同工程在实施中、终止时、已完工后进行的合同价款计算、调整和确认。包括期中结算、终止结算、竣工结算。

45. 招标控制价(tender sum limit)

招标控制价是指招标人根据国家或省级、行业建设主管部门颁发的有关计价依据和办法,以及拟定的招标文件和招标工程量清单,结合工程具体情况编制的招标工程的最高投标限价。

46. 投标价(tender sum)

投标价是指投标人投标时响应招投标文件要求所报出的对已标价工程量清单汇总后标明的总价。

47. 签约合同价(合同价款)(contract sum)

签约合同价是指发承包双方在工程合同中约定的工程造价,即包括了分部分项工程费、措施项目费、其他项目费、规费和税金的合同总金额。

48. 预付款(advance payment)

预付款是指在开工前,发包人按照合同约定,预先支付给承包人用于购买合同工程施工所需的材料、工程设备,以及组织施工机械和人员进场等的款项。

49. 进度款(interim payment)

进度款是指在合同工程施工过程中,发包人按照合同约定对付款周期内承包完成的合同价款给予支付的款项,也是合同价款的期中结算支付。

50. 合同价款调整(adjustment in contract sum)

合同价款调整是指在合同价款调整因素出现后,发承包双方根据合同约定,对合同价款进行变动的提出、计算和确认。

51. 竣工结算价(final account at completion)

竣工结算价是指发承包双方依据国家有关法律、法规和标准规定,按照合同约定确定的,包括在履行合同过程中按合同约定进行的合同价款调整,是承包人按合同约定完成了全部承包工作后,发包人应付给承包人的合同总金额。

52. 工程造价鉴定(construction cost verification)

工程造价鉴定是指工程造价咨询人接受人民法院、仲裁机关委托,对施工合同纠纷案件中的工程造价争议,运用专门知识进行鉴别、判断和评定,并提出鉴定意见的活动。也称为工程造价司法鉴定。

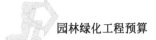
三 工程量清单的编制

(一)工程量清单编制的规定

1.工程量清单编制的一般规定

(1)工程量清单编制的依据

①2013 版《计价规范》和相关工程的国家计量规范。

②国家或省级、行业建设主管部门颁发的计价依据和办法。

③建设工程设计文件及相关资料。

④与建设工程有关的标准、规范、技术资料。

⑤拟定的招标文件。

⑥施工现场情况、地勘水文资料、工程特点及常规施工方案。

⑦其他相关资料。

(2)其他项目、规费和税金项目清单的编制

应按照现行国家标准 2013 版《计价规范》的相关规定编制。

(3)补充清单项目的编制

随着工程建设中新材料、新技术、新工艺等的不断涌现,2013 版《计价规范》中附录所列的工程量清单项目不可能包含所有项目。当编制工程量清单出现附录中未包括的项目时,编制人应做补充,并报省级或行业工程造价管理机构备案,省级或行业工程造价管理机构应进行汇总,然后,报住房和城乡建设部标准定额研究所。

补充项目的编码。由本规范的代码 01 与 B 和三位阿拉伯数字组成,并应从 01B001 起顺序编制,同一招标工程的项目不得重码。

补充的工程量清单须附有补充项目的名称、项目特征、计量单位、工程量计算规则、工作内容。不能计量的措施项目,须附有补充项目的名称、工作内容及包含范围。

2.招标工程量清单编制的一般规定

(1)工程量清单的组成

招标工程量清单应以单位(项)工程为单位编制,应由分部分项工程量清单、措施项目清单、其他项目清单、规费、税金项目清单组成。

(2)工程量清单的作用

招标工程量清单是工程量清单计价的基础,应作为编制招标控制价、投标报价、计算或调整工程量、索赔等的依据之一。

(3)工程量清单项目的编制主体

招标工程量清单应由具有编制能力的招标人或受其委托,具有相应资质的工程造价咨询人编制。

(4)工程量清单准确性、完整性责任归属问题

招标工程量清单必须作为招标文件的组成部分,其准确性和完整性由招标人负责。

(5)招标工程量清单编制的依据

同上。

(二)分部分项工程量清单的编制

1.分部分项工程量清单包括的内容

分部分项工程量清单应载明项目编码、项目名称、项目特征、计量单位和工程量。

2.分部分项工程量清单编制的原则

分部分项工程项目清单必须根据相关工程现行国家计量规范规定的项目编码、项目名称、项目特征、计量单位和工程量计算规则进行编制。

3.分部分项工程量清单项目编码的确定

(1)分部分项工程量清单编码的定义

分部分项工程量清单编码,是为区分分部分项工程中各种类型的项目而设置的一种标识符号,它对应于清单项目中各分部分项工程的名称,是为工程造价信息全国共享而设的,要求全国统一。

(2)分部分项工程量清单编码的作用

①使复杂、多样的清单项目变得简单易查

由于园林绿化产品的构造、材料的多样性和园林绿化工程的施工工艺、施工技术的复杂性,形成分部分项工程实体的类别也具有多样性。以花岗岩地面为例,在材料上,有进口材料和国产材料之分;在价格上有高有低,存在很大差异;在施工工艺上,有干挂和实贴两种做法;因此,为了准确描述清单项目的特征,识别不同的项目类型,就必须对项目进行科学编码。

②有利于造价软件功能优势的发挥

由于信息技术已经在工程造价软件中得到了广泛运用,因此对清单进行科学编码,能够使造价软件的功能优势更好地得到发挥,提高工作效率。

③有利于"计价规范"及"计量规范"的使用和完善

清单项目共有十二位编码,其中最后三位由编制人根据工程具体特征自行设置,因此在规范性、统一性的同时又增加了灵活性,使规范在操作上将共性和个性很好地结合起来。

(3)分部分项工程量清单编码的设置

《园林绿化工程计量规范》(GB 50854—2013)(以下称2013版《计量规范》)4.2.2条规定"工程量清单的项目编码应采用前十二位阿拉伯数字表示,一至九位应按附录的规定设置,十至十二位应根据拟建工程的工程量清单项目名称和项目特征设置,同一招标工程的项目编码不得有重码"。

工程项目编码根据不同的工程类型以五级编码设置,用十二位阿拉伯数字表示。一、二、三、四级为统一编码;第五级编码由工程量清单编制人区分具体工程的清单项目特征而分别编码,前三级编码由两位数字表示,后两级编码由三位数字表示,各级编码代表的含义及结构图如下。

①第一级编码表示工程分类顺序码(两位数字)

01——房屋建筑与装饰工程;02——仿古建筑工程;03——通用安装工程;04——市政工程;05——园林绿化工程;06——矿山工程;07——构筑物工程;08——城市轨道交通工程;09——爆破工程。以后进入国标的专业工程代码以此类推。

②第二级编码表示专业工程顺序码(两位数字)

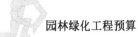

第二级分类码由 01、02、03、04……顺序码组成,代表不同的专业工程,如园林绿化工程中附录 A 绿化工程专业类项目设置为"01";附录 B 园路园桥工程专业类项目设置为"02",附录 C 园林景观工程专业类项目设置为"03",附录 D 措施项目设置为"04"。

③第三级编码表示分部工程顺序码(两位数字)

第三级分类码由 01、02、03、04……顺序码组成,代表不同的分部,比如绿地整理设置为"01",栽植花木设置为"02"等。

④第四级编码表示分项工程项目名称顺序码(三位数字)

第四级分类码由 001、002、003、004……顺序码组成,代表不同的分项工程,是统一编码中最细的编码。比如绿地整理中,砍伐乔木设置为"001",挖树根(蔸)设置为"002"等。

⑤第五级编码表示清单项目名称顺序码(三位数字)

第五级分类码由 001、002、003、004……顺序码组成,由清单编制人从 001 开始自由编码,是结合拟建项目的特征进行编制的。

⑥项目编码结构图(图 4-1)

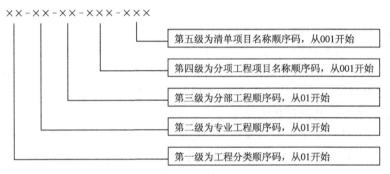

图 4-1　项目编码结构图

⑦举例

【例 4-1】 某工程须栽植带土球 140cm、胸径为 12cm 的香樟,工程量清单项目及计算规则如表 4-1(A.2 栽植花木)所示,试确定该栽植香樟项目的项目编码。

栽植花木(编码 050102) 表 4-1

项目编码	项目名称	项目特征	计量单位	工程量计算规则	工作内容
050102001	栽植乔木	1. 种类 2. 胸径或干径 3. 株高、冠径 4. 起挖方式 5. 养护期	株	按设计图示数量计算	1. 起挖 2. 运输 3. 栽植 4. 养护
050102002	栽植灌木	1. 种类 2. 根盘直径 3. 冠丛高 4. 蓬径 5. 起挖方式 6. 养护期	1. 株 2. m²	1. 以株计量,按设计图数量计算 2. 以平方米计量,按设计图示尺寸以绿化水平投影面积计算	

解:根据清单项目设置办法,按照 2013 版《计量规范》附录 E 的编制方法,栽植带土球 140cm、胸径为 12cm 的香樟,其编码为 05-01-02-001-001。其中:

05——表示园林绿化工程;

01——表示绿化工程专业;

02——表示栽植花木类;

001——表示栽植乔木类;

001——由清单编制人自行编制,表示胸径为 12cm 的香樟。

4. 清单项目名称的确定

2013 版《计量规范》4.2.3 规定:"工程量清单的项目名称应按附录的项目名称结合拟建工程的实际确定。"项目主体名称不能随意改动,如有缺项,按规范规定补充。

5. 清单项目特征的确定

2013 版《计量规范》4.2.4 规定:"工程量清单项目特征应按附录中规定的项目特征,结合拟建工程项目的实际予以描述。"

项目特征是对体现分部分项工程量清单、措施项目清单价值的特有属性和本质特征的描述,是编制清单项目名称顺序码的依据,是影响价格的因素。项目特征按不同的工程部位、施工工艺或材料品种、规格等分别描述。凡项目特征中未描述到的其他独有特征,由清单编制人视项目具体情况确定,以完整描述清单项目为准。项目特征描述一般体现在以下几个方面。

(1)项目组成要素本身的特征

项目组成要素本身的特征是指材料的材质、规格、型号等。比如青石板,有 600mm×1200mm 规格的,也有 800mm×1200mm 规格的;有灰色、青灰色、红灰色等不同色彩;有国产的也有进口的,因此描述项目特征应尽量详细。

(2)施工工艺特征

不同的构造有不同的施工做法,在描述其特征时,应该尽量清楚,比如单层木门窗刷油漆时应明确刷漆遍数。

(3)施工技术和施工方案特征

施工技术和施工方案的描述,应尽可能准确、详细,比如树枝支撑,有三角桩支撑。也有四角桩支撑,采用不同的施工方案就有不同的分项单价。

(4)不同质量要求体现的特征

比如墙面抹灰工程,分普通、中级和高级抹灰。园林中的公厕和茶室墙面因使用功能不同,抹灰质量要求也存在差异,因此对不同质量要求的分项工程描述不可忽视。

分部分项工程项目特征描述必须准确、清晰、具体,完全体现工程的主要工作、构造要求、施工工艺。对招标人而言,尽可能完整描述工程项目特征,就能帮助投标人准确了解准备施工的园林绿化工程的内容和要求,从而合理报价;对投标人而言,清晰的项目特征描述能够保证综合单价组价的准确性,能够真实反映实体工程的价值,为清单报价决策提供基础数据。

6. 计量单位的确定

2013 版《计量规范》4.2.6 规定:"工程量清单的计量单位应按附录中规定的计量单位确定。"如石材楼梯面层计量单位为"m²"。

2013 版《计量规范》附录中有两个或两个以上计量单位的,应结合拟建工程项目的实际情况,确定其中一个为计量单位。同一工程项目的计量单位应一致。

7.分部分项工程量的确定

2013 版《计量规范》4.2.5 规定:"工程量清单中所列工程量应按附录中规定的工程量计算规则计算。"如木质踢脚线按设计图示长度乘高度以面积计算或按延长米计算。

工程计量时,每一项目汇总的有效位数应遵守下列规定。

(1)以"t"为单位,应保留小数点后三位数字,第四位小数四舍五入。

(2)以"m""m²""m³""kg"为单位,应保留小数点后两位数字,第三位小数四舍五入。

(3)以"个""件""根""组""系统"为单位,应取整数。

(三)措施项目清单的编制

1.措施项目的含义

措施项目是指"为完成工程项目施工,发生于该工程施工准备和施工过程中的技术、生活、安全、环境保护等方面的项目"。

"措施项目"是相对于分部分项工程项目而言的,是对实际施工中必须发生的施工准备和施工过程中技术、生活、安全、环境保护等方面的含非工程实体项目的总称,是为了完成分部分项工程而必须发生的生产活动和资源耗用的保障项目。例如:安全文明施工、模板工程、脚手架工程等。

2.措施项目清单的编制方法

(1)编制措施项目清单的规定

措施项目清单应根据相关工程现行国家计量规范的规定编制,并且应根据拟建工程的实际情况列项。见表 E-1 和表 E-4。

①措施项目中列出了项目编码、项目名称、项目特征、计量单位、工程量计算规则的项目,编制工程量清单时,应按照 2013 版《计价规范》中分项工程的规定执行。

②措施项目仅列出项目编码、项目名称,未列出项目特征、计量单位和工程量计算规则的项目,编制工程量清单时,应按 2013 版《计价规范》中附录 Q 措施项目规定的项目编码、项目名称确定。

③措施项目应根据拟建工程的实际情况列项,若出现本规范未列的项目,可根据工程实际情况补充。编码规则按本规范补充项目执行。

(2)编制措施项目需考虑的因素

①施工组织设计

施工组织设计中针对性地对工程周边环境保护、安全文明施工、材料的二次搬运等项目提供了明确做法,在措施项目清单设置时应予以考虑。

②施工技术方案

夜间施工、大型机具进出场及安拆、脚手架、混凝土模板与支架、施工排水降水、垂直运输机械、大型机具使用以及施工规范和工程验收规范中规定的常规性技术措施也编写在施工技术方案中,设置措施项目清单时应予以考虑。

措施项目的设置,措施项目清单的编制,都要求招标人熟悉和掌握《计价规范》对措施项目的划分规定和要求,掌握有关政策、法规和相关规章制度,具有相关的施工管理、施工技术等方面的知识及实践经验,能够与分部分项工程清单项目施工方案相结合,准确划分措施项目,合理拆分和合并措施项目,完全真实地反映拟建工程的具体情况。

(四)其他项目清单的编制

其他项目清单中列有暂列金额、暂估价、计日工和总承包服务费四项,出现未列的项目时,应根据工程实际情况补充。这四项费用都由发包人确定完成后填写在其他项目计价表中随招标文件发放给投标人。

暂列金额是指招标人在工程量清单中暂定并包括在合同价款中的一笔款项。用于工程合同签订时尚未确定或者不可预见的所需材料、工程设备、服务的采购,施工中可能发生的工程变更、合同约定调整因素出现时的合同价款调整以及发生的索赔、现场签证确认等的费用。见表 F-1 和表 F-2。规范规定"暂列金额应根据工程特点,按有关计价规定估算"。

暂估价是指招标人在工程量清单中提供的用于支付必然发生但暂时不能确定价格的材料、工程设备的单价以及专业工程的金额。暂估价包括材料(工程设备)暂估价和专业工程暂估价。见表 F-1、表 F-3 和表 F-4。规范规定"暂估价中的材料、工程设备暂估价应根据工程造价信息或参照市场价格估算,列出明细表;专业工程暂估价应分不同专业,按有关计价规定估算,列出明细表"。

计日工是指在施工过程中,承包人完成发包人提出的工程合同范围以外的零星项目或工作,按合同中约定的单价计价的一种方式。见表 F-1 和表 F-5。规范规定"计日工应列出项目名称、计量单位和暂估数量"。

总承包服务费是指总承包人为配合协调发包人进行的专业工程分包,对发包人自行采购的材料、工程设备等进行保管以及施工现场管理、竣工资料汇总整理等服务所需的费用,见表 F-1 和表 F-6。

(五)规费项目清单的编制

规费是根据国家法律、法规规定,由省级政府或省级有关权力部门规定,施工企业必须缴纳的,应计入建筑安装工程造价的费用。列项内容有社会保障费、住房公积金和工程排污费。如果出现其他未列的项目,应根据省级政府或省级有关部门的规定列项。其中社会保障费包括养老保险费、失业保险费、医疗保险费、工伤保险费、生育保险费,见附录 G。

(六)税金项目清单的编制

税金是指国家税法规定的应计入建筑安装工程造价内的营业税、城市维护建设税、教育费附加和地方教育附加。如果出现未列的项目,应根据税务部门的规定列项,见附录 G。

(七)园林绿化工程清单项目的审核

2013 版《计价规范》对工程量清单缺项明确规定如下。

(1)合同履行期间,出现招标工程量清单项目缺项的,发承包双方应调整合同价款。

(2)新增分部分项工程量清单项目后,引起措施项目发生变化的,应按照 2013 版《计价规范》的有关规定,在承包人提交的实施方案被发包人批准后调整分部分项工程费。

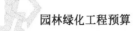

（3）由于招标工程量清单中分部分项工程出现缺项，引起措施项目发生变化的，应按照2013版《计价规范》的有关规定调整合同价款。

由于种种原因，每份工程量清单均不可避免地存在不同程度的错误和遗漏，因此，清单项目的审核是招标人编制工程量清单时很重要的工作，也是投标人投标报价的一项必要工作。清单编制中容易出现以下错误和遗漏。

（1）使用的图纸结构、尺寸不详或图集版本过时

比如廊架柱基础中的预埋件、钢筋等细部的施工图不详，列清单项时容易出现漏项，如果图集版本过时也容易出现错项。

（2）项目描述不全面或错误

清单项目描述不能含糊不清，应该具体、完整，便于专业人员核算工程量和报价，比如栽植乔木，应描述成活养护期和保存养护期，乔木胸径、支撑等项目特征，又如，铁艺栏杆，要描述铁艺栏杆高度、铁艺栏杆单位长度重量，防护材料种类。

（3）图纸之间存有矛盾分歧

施工图纸可能出现平面图与大样图不相符合的情况，一般以大样图为准，植物配置表中的植物可能在植物配置图中没有，应及时与甲方和设计人员沟通。

（4）人为计算错误

人为计算错误，比如没按计算规则计算，导致清单工程量计算错误。

（5）使用错误量度单位

工程量清单中统一的计量单位是 m^3、m^2、m、株、丛、缸、处等，所以必须清楚，不可滥用其他度量单位。

（6）因不熟悉单价说明、工程规范而引起的错误

对工程施工规范、计价规范、综合单价的组价内容不熟悉，使清单项目的设置出现错误。

由于中标后综合单价只有承包商一家提出，没有竞争，因此不会产生合理低价，更不会出现最低价，建设单位也不可能因为某一项漏项再单独发包，只能协商认可承包人提出的综合单价。如果发生增项，建设单位势必增加额外投资；如果发生减项，对分部分项工程而言从投标报价中剔除增加项目容易做到，但措施项目费很难分解，而且承包人也不会轻易让步，所以建设单位也会承担一些额外的费用。因此，对工程量清单进行逐项核对，查漏补缺，有效地防止工程量清单出现误差和漏项，确保工程量清单准确、科学、合理是非常必要的。

四 工程量清单计价方法

（一）工程量清单计价的一般规定

（1）使用国有资金投资的建设工程发承包，必须采用工程量清单计价。

（2）非国有资金投资的建设工程，宜采用工程量清单计价。

（3）不采用工程量清单计价的建设工程，应执行本规范除工程量清单等专门性规定外的其他规定。

（4）建设工程发承包及实施阶段的工程造价应由分部分项工程费、措施项目费、其他项目

费、规费和税金组成。

（5）工程量清单应采用综合单价计价。

（6）措施项目清单中的安全文明施工费应按照国家或省级、行业建设主管部门的规定计价，不得作为竞争性费用。

（7）其他项目清单应根据工程特点和《计价规范》有关的条款规定计价。

（8）规费和税金应按国家或省级、行业建设主管部门的规定计算，不得作为竞争性费用。

（9）关于风险问题的规定

建设工程发承包，必须在招标文件、合同中明确计价中的风险内容及其范围，不得采用无限风险、所有风险或类似语句规定计价中的风险内容及其范围。

（二）招标控制价的编制

1.关于招标控制价的一般规定

（1）国有资金投资的建设工程招标，招标人必须编制招标控制价。

（2）招标控制价应由具有编制能力的招标人或受其委托具有相应资质的工程造价咨询人编制和复核。

（3）工程造价咨询人接受招标人委托编制招标控制价，不得再就同一工程接受投标人委托编制投标报价。

（4）招标控制价应按照本规范的规定编制，不应上调或下浮。

（5）当招标控制价超过批准的概算时，招标人应将其报原概算审批部门审核。

（6）招标控制价应在招标时公布招标控制价，同时应将招标控制价及有关资料报送工程所在地或由该工程管理辖权的行业管理部门工程造价管理机构备查。

2.编制与复核

（1）招标控制价应根据下列依据编制与复核。

①2013版《计价规范》。

②国家或省级、行业建设主管部门颁发的计价定额和计价办法。

③建设工程设计文件及相关资料。

④拟定的招标文件及招标工程量清单。

⑤与建设项目相关的标准、规范、技术资料。

⑥施工现场情况、工程特点及常规施工方案。

⑦工程造价管理机构发布的工程造价信息，当工程造价信息没有发布时，参照市场价。

⑧其他的相关资料。

（2）综合单价中应包括招标文件中划分的应由投标人承担的风险范围及其费用。招标文件中没有明确的，如是工程造价咨询人编制，应提请招标人明确；如是招标人编制，应予明确。

（3）分部分项工程和措施项目中的单价项目，应根据拟定的招标文件和招标工程量清单项目中的特征描述及有关要求确定综合单价计算。

（4）措施项目中的总价项目应根据拟定的招标文件和常规施工方案按本规范的规定计价。

（5）其他项目费应按下列规定计价。

①暂列金额应按招标工程量清单中列出的金额填写。

②暂估价中的材料、工程设备单价应按招标工程量清单中列出的单价计入综合单价。

③暂估价中的专业工程金额应按招标工程量清单中列出的金额填写。

④计日工应按招标工程量清单中列出的项目根据工程特点和有关计价依据确定综合单价计算。

⑤总承包服务费应根据招标工程量清单列出的内容和要求估算。

⑥规费和税金应按国家或省级、行业建设主管部门的规定计算。

3.投诉与处理

(1)投标人经复核认为招标人公布的招标控制价未按照本规范的规定进行编制的,应当在招标控制价公布后5天内向招投标监督机构和工程造价管理机构投诉。

(2)投诉人投诉时,应当提交由单位盖章和法定代表人或其委托人签名或盖章的书面投诉书,投诉书应包括下列内容。

①投诉人与被投诉人的名称、地址及有效联系方式。

②投诉的招标工程名称、具体事项及理由。

③投诉依据及有关证明材料。

④相关请求及主张。

(3)投诉人不得进行虚假、恶意投诉,阻碍投标活动的正常进行。

(4)工程造价管理机构在接到投诉书后应在2个工作日内进行审查,对有下列情况之一的,不予受理。

①投诉人不是所投诉招标工程招投标文件的收受人。

②投诉书提交的时间不符合本规范规定的。

③投诉书不符合本规范规定的。

④投诉事项已进入行政复议或行政诉讼程序的。

(5)工程造价管理机构应在不迟于接到投诉的次日将是否受理投诉的决定书面通知投诉人、被投诉人以及负责该工程招投标监督的招投标管理机构。

(6)工程造价管理机构受理投诉后,应立即对招标控制价进行复查,组织投诉人、被投诉人或其委托的招标控制价编制人等单位人员对投诉问题逐一核对。有关当事人应当予以配合,并保证所提供资料的真实性。

(7)工程造价管理机构应当在受理投诉的10天内完成复查,特殊情况下可适当延长,并作出书面结论通知投诉人、被投诉人及负责该工程招投标监督的招投标管理机构。

(8)当招标控制价复查结论与原公布的招标控制价误差>±3%的,应当责成招标人改正。

(9)招标人根据招标控制价复查结论需要修改公布的招标控制价的,其最终公布的时间至招标文件要求提交投标文件截止时间不足15天的,应相应延长投标文件的截止时间。

(三)投标报价的编制

1.关于投标价的一般规定

(1)投标价应由投标人或受其委托具有相应资质的工程造价咨询人编制。

(2)投标人应依据本规范规定自主确定投标报价。

(3)投标报价不得低于工程成本。

（4）投标人必须按招标工程量清单填报价格。项目编码、项目名称、项目特征、计量单位、工程量必须与招标工程量清单一致。

（5）投标人的投标报价高于招标控制价的应予废标。

2. 编制与复核

（1）投标报价应根据下列依据编制和复核。

①2013 版《计价规范》。

②国家或省级、行业建设主管部门颁发的计价办法。

③企业定额，国家或省级、行业建设主管部门颁发的计价定额和计价办法。

④招标文件、招标工程量清单及其补充通知、答疑纪要。

⑤建设工程设计文件及相关资料。

⑥施工现场情况、工程特点及投标时拟定的投标施工组织设计或施工方案。

⑦与建设项目相关的标准、规范等技术资料。

⑧市场价格信息或工程造价管理机构发布的工程造价信息。

⑨其他的相关资料。

（2）综合单价中应依据招标文件中划分的应由投标人承担的风险范围及其费用，招标文件中没有明确的，应提请招标人明确。

（3）分部分项工程和措施项目中的单价项目，应根据招标文件和招标工程量清单项目中的特征描述确定综合单价计算。

（4）措施项目中的总价项目金额应根据招标文件及投标时拟定的施工组织设计或施工方案，按本规范的规定自主确定。期中安全文明施工费应按照本规范的规定确定。

（5）其他项目费应按下列规定报价。

①暂列金额应按招标工程量清单中列出的金额填写。

②材料、工程设备暂估价应按招标工程量清单中列出的单价计入综合单价。

③专业工程暂估价应按招标工程量清单中列出的金额填写。

④计日工应按招标工程量清单中列出的项目和数量，自主确定综合单价并计算计日工总额。

⑤总承包服务费应根据招标工程量清单中列出的内容和提出的要求自主确定。

（6）规费和税金应按本规范的规定确定。

（7）招标工程量清单与计价表中列明的所有需要填写的单价和合价的项目，投标人均应填写且只允许有一个报价。未填写单价和合价的项目，视为此项费用已包含在已标价工程量清单中其他项目的单价和合价之中。当竣工结算时，此项目不得重新组价予以调整。

（8）投标总价应当与分部分项工程费、措施项目费、其他项目费和规费、税金的合计金额一致。

（四）工程合同价款的约定

1. 一般规定

（1）实行招标的工程合同价款应在中标通知书发出之日起 30 日内，由发承包双方依据招标文件和中标人的投标文件在书面合同中约定。

（2）合同约定不得违背招、投标文件中关于工期、造价、质量等方面的实质性内容。招标文件与中标人投标文件不一致的地方，以投标文件为准。

（3）不实行招标的工程合同价款，应在发承包双方认可的工程价款基础上，由发承包双方在合同中约定。

（4）实行工程量清单计价的工程，应当采用单价合同；建设规模较小，技术难度较低，工期较短，且施工图设计已审查批准的建设工程可以采用总价合同；紧急抢险、救灾以及施工技术特别复杂的建设工程可以采用成本加酬金合同。

2.约定内容

（1）发承包双方应在合同条款中对下列事项进行约定。

①预付工程款的数额、支付时间及抵扣方式。

②安全文明施工措施的支付计划，使用要求等。

③工程计量与支付工程进度款的方式、数额及时间。

④工程价款的调整因素、方法、程序、支付及时间。

⑤施工索赔与现场签证的程序、金额确认与支付时间。

⑥承担计价风险的内容、范围以及超出约定内容、范围的调整办法。

⑦工程竣工价款结算编制与核对、支付及时间。

⑧工程质量保证金的数额、预扣方式及时间。

⑨违约责任以及发生工程价款争议的解决方法及时间。

⑩与履行合同、支付价款有关的其他事项等。

（2）合同中没有按照本规范的要求约定或约定不明的，若发承包双方在合同履行中发生争议由双方协商确定；当协商不能达成一致时，应按本规范的规定执行。

（五）工程计量与价款支付

1.一般规定

（1）工程量应当按照相关工程的现行国家计量规范规定的工程量计算规则计算。

（2）工程计量可选择按月或按工程形象进度分段计量，具体计量周期在合同中约定。

（3）因承包人原因造成的超范围施工或返工的工程量，发包人不予计量。

2.单价合同的计量

（1）工程量必须以承包人完成合同工程应予计量的工程量确定。

（2）施工中进行工程计量，当发现招标工程量清单中出现缺项、工程量偏差，或因工程变更引起工程量的增减时，应按承包人在履行合同义务中完成的工程量计算。

（3）承包人应当按照合同约定的计量周期和时间向发包人提交当期已完工程量报告。发包人应在收到报告后7天内核实，并将核实计量结果通知承包人。发包人未在约定时间内进行核实的，承包人提交的计量报告中所列的工程量视为承包人实际完成的工程量。

（4）发包人认为需要进行现场计量核实时，应在计量前24小时通知承包人，承包人应为计量提供便利条件并派人参加。双方均同意核实结果时，则双方应在上述记录上签字确认。承包人收到通知后不派人参加计量，视为认可发包人的计量核实结果。发包人不按照约定时间通知承包人，致使承包人未能派人参加计量，计量核实结果无效。

（5）当承包人认为发包人核实后的计量结果有误时,应在收到计量结果通知后的 7 天内向发包人提出书面意见,并附上其认为正确的计量结果和详细的计算资料。发包人收到书面意见后,应对承包人的计量结果进行复核后通知承包人。承包人对复核计量结果仍有异议的,按照合同约定的争议解决办法处理。

（6）承包人完成已标价工程量清单中每个项目的工程量并经发包人核实无误后,发承包双方应对每个项目的历次计量报表进行汇总,已核实最终结算工程量,并应在汇总表上签字确认。

3.总价合同的计量

（1）采用工程量清单方式招标形成的总价合同,其工程量应按照本规范第 8.2 节的规定计算。

（2）采用经审定批准的施工图纸及其预算方式发包形成的总价合同,除按照工程变更规定的工程量增减外,总价合同个项目的工程量应为承包人用于结算的最终工程量。

（3）总价合同约定的项目计量以合同工程经审定批准的施工图纸为依据,发承包双方应在合同中约定工程计量的形象目标或时间节点进行计量。

（4）承包人应在合同约定的每个计量周期内对已完成的工程进行计量,并向发包人提交达到工程形象目标完成的工程量和有关计量资料的报告。

（5）发包人应在收到报告后 7 天内对承包人提交的上述资料进行复核,以确定实际完成的工程量和工程形象目标。对其有异议的,应通知承包人进行共同复核。

（六）索赔与现场签证

1.索赔

（1）当合同一方向另一方提出索赔时,应有正当的索赔理由和有效证据,并应符合合同的相关约定。

（2）根据合同约定,承包人认为非承包人原因发生的事件造成了承包人的损失,应按以下程序向发包人提出索赔。

①承包人应在索赔事件发生后 28 天内,向发包人提交索赔意向通知书,说明发生索赔事件的事由。承包人逾期未发出索赔意向通知书的,丧失索赔的权利。

②承包人应在发出索赔意向通知书后 28 天内,向发包人正式提交索赔通知书。索赔通知书应详细说明索赔理由和要求,并附必要的记录和证明材料。

③索赔事件具有连续影响的,承包人应继续提交延续索赔通知,说明连续影响的实际情况和记录。

④在索赔事件影响结束后的 28 天内,承包人应向发包人提交最终索赔通知书,说明最终索赔要求,并附必要的记录和证明材料。

（3）承包人索赔应按下列程序处理。

①发包人收到承包人的索赔通知书后,应及时查验承包人的记录和证明材料。

②发包人应在收到索赔通知书或有关索赔的进一步证明材料后 28 天内,将索赔处理结果答复承包人,如果发包人逾期未作出答复,视为承包人索赔要求已经发包人认可。

③承包人接受索赔处理结果的,索赔款项在当期进度款中进行支付;承包人不接受索赔处

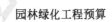

理结果的,按合同约定的争议解决方式办理。

(4)承包人要求赔偿时,可以选择以下一项或几项方式获得赔偿。

①延长工期。

②要求发包人支付实际发生的额外费用。

③要求发包人支付合理的预期利润。

④要求发包人按合同的约定支付违约金。

(5)若承包人的费用索赔与工期索赔要求相关联时,发包人在作出费用索赔的批准决定时,应结合工程延期,综合作出费用赔偿和工程延期的决定。

(6)发承包双方在按合同约定办理了竣工结算后,应被认为承包人已无权再提出竣工结算前所发生的任何索赔。承包人在提交的最终结清申请中,只限于提出竣工结算后的索赔,提出索赔的期限自发承包双方最终结清时终止。

(7)根据合同约定,发包人认为由于承包人的原因造成发包人的损失,应参照承包人索赔的程序进行索赔。

(8)发包人要求赔偿时,可以选择以下一项或几项方式获得赔偿。

①延长质量缺陷修复期限。

②要求承包人支付实际发生的额外费用。

③要求承包人按合同的约定支付违约金。

(9)承包人应付给发包人的索赔金额可从拟支付给承包人的合同价款中扣除,或由承包人以其他方式支付给发包人。

74

2.现场签证

(1)承包人应发包人要求完成合同以外的零星项目、非承包人责任事件等工作的,发包人应及时以书面形式向承包人发出指令,提供所需的相关资料;承包人在收到指令后,应及时向发包人提出现场签证要求。

(2)承包人应在收到发包人指令后的7天内向发包人提交现场签证报告,发包人应在收到现场签证报告后的48小时内对报告内容进行核实,予以确认或提出修改意见。发包人在收到承包人现场签证报告后的48小时内未确认也未提出修改意见的,视为承包人提交的现场签证报告已被发包人认可。

(3)现场签证的工作如已有相应的计日工单价,则现场签证中应列明完成该类项目所需的人工、材料、工程设备和施工机械台班的数量。

如现场签证的工作没有相应的计日工单价,应在现场签证报告中列明完成该签证工作所需的人工、材料设备和施工机械台班的数量及其单价。

(4)合同工程发生现场签证事项,未经发包人签证确认,承包人便擅自施工的,除非征得发包人同意,否则发生的费用由承包人承担。

(5)现场签证工作完成后的7天内,承包人应按照现场签证内容计算价款,报送发包人确认后,作为增加合同价款,与进度款同期支付。

(6)在施工过程中,当发现合同工程内容因场地条件、地质水文、发包人要求等不一致时,承包人应提供所需的相关资料,并提交发包人签证认可,作为合同价款调整的依据。

(七)工程价款的调整

1.一般规定

(1)以下事项(但不限于)发生,发承包双方应当按照合同约定调整合同价款。

①法律法规变化。

②工程变更。

③项目特征不符。

④工程量清单缺项。

⑤工程量偏差。

⑥计日工。

⑦物价变化。

⑧暂估价。

⑨不可抗力。

⑩提前竣工(赶工补偿)。

⑪误期赔偿。

⑫索赔。

⑬现场签证。

⑭暂列金额。

⑮发承包双方约定的其他调整事项。

(2)出现合同价款调增事项(不含工程量偏差、计日工、现场签证、施工索赔)后的14天内,承包人应向发包人提交合同价款调增报告并附上相关资料,若承包人在14天内未提交合同价款调增报告的,视为承包人对该事项不存在调整价款。

(3)出现合同价款调减事项(不含工程量偏差、施工索赔)后的14天内,发包人应向承包人提交合同价款调减报告并附相关资料,若发包人在14天内未提交合同价款调减报告的,视为发包人对该事项不存在调整价款。

(4)发(承)包人应在收到承(发)包人合同价款调增报告及相关资料之日起14天内对其核实,予以确认的应书面通知承(发)包人。如有疑问,应向承(发)包人提出协商意见。发(承)包人在收到合同价款调增报告之日起14天内未确认也未提出协商意见的,视为承(发)包人提交的合同价款调增报告已被发(承)包人认可。发(承)包人提出协商意见的,承(发)包人应在收到协商意见后的14天内对其核实,予以确认的应书面通知发(承)包人。如承(发)包人在收到发(承)包人的协商意见后14天内既不确认也未提出不同意见的,视为发(承)包人提出的意见已被承(发)包人认可。

(5)如发包人与承包人对不同意见不能达成一致的,只要不实质影响发承包双方履约的,双方应实施该结果,直到其按照合同争议的解决被改变为止。

(6)经发承包双方确认调整的合同价款,作为追加(减)合同价款,与工程进度款或结算款同期支付。

2.法律、法规变化

(1)招标工程以投标截止日前28天,非招标工程以合同签订前28天为基准日,其后国家

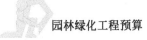

的法律、法规、规章和政策发生变化引起工程造价增减变化的,发承包双方应当按照省级或行业建设主管部门或其授权的工程造价管理机构据此发布的规定调整合同价款。部门或其授权的工程造价管理机构据。

(2)因承包人原因导致工期延误,且 2013 版《计价规范》第 9.2.1 条规定的调整时间在合同工程原定竣工时间之后,不予调整合同价款。

3.工程变更

(1)工程变更引起已标价工程量清单项目或其工程数量发生变化,应按照下列规定调整。

①已标价工程量清单中有适用于变更工程项目的,采用该项目的单价;但当工程变更导致该清单项目的工程数量发生变化,且工程量偏差超过 15%,此时,该项目单价的调整应按照本规范第 9.6.2 条的规定调整。

②已标价工程量清单中没有适用、但有类似于变更工程项目的,可在合理范围内参照类似项目的单价。

③已标价工程量清单中没有适用也没有类似于变更工程项目的,由承包人根据变更工程资料、计量规则和计价办法、工程造价管理机构发布的信息价格和承包人报价浮动率提出变更工程项目的单价,报发包人确认后调整。承包人报价浮动率可按下列公式计算:

招标工程:承包人报价浮动率 $L = (1 - 中标价 / 招标控制价) \times 100\%$ (4-1)

非招标工程:承包人报价浮动率 $L = (1 - 报价值 / 施工图预算) \times 100\%$ (4-2)

④已标价工程量清单中没有适用也没有类似于变更工程项目,且工程造价管理机构发布的信息价格缺价的,由承包人根据变更工程资料、计量规则、计价办法和通过市场调查等取得有合法依据的市场价格提出变更工程项目的单价,报发包人确认后调整。

(2)工程变更引起施工方案改变,并使措施项目发生变化的,承包人提出调整措施项目费的,应事先将拟实施的方案提交发包人确认,并详细说明与原方案措施项目相比的变化情况。拟实施的方案经发承包双方确认后执行。该情况下,应按照下列规定调整措施项目费。

①安全文明施工费,按照实际发生变化的措施项目调整。

②采用单价计算的措施项目费,按照实际发生变化的措施项目按本规范第 9.3.1 条的规定确定单价。

③按总价(或系数)计算的措施项目费,按照实际发生变化的措施项目调整,但应考虑承包人报价浮动因素,即调整金额按照实际调整金额乘以本规范第 9.3.1 条规定的承包人报价浮动率计算。

如果承包人未事先将拟实施的方案提交给发包人确认,则视为工程变更不引起措施项目费的调整或承包人放弃调整措施项目费的权利。

(3)当发包人提出的工程变更因非承包人原因删减了合同中的某项原定工作或工程,致使承包人发生的费用或(和)得到的收益不能被包括在其他已支付或应支付的项目中,也未被包含在任何替代的工作或工程中,则承包人有权提出并得到合理的利润补偿。

4.项目特征描述不符

(1)承包人在招标工程量清单中对项目特征的描述,应被认为是准确的和全面的,并且与实际施工要求相符合。承包人应按照发包人提供的工程量清单,根据其项目特征描述的内容及有关要求实施合同工程,直到其被改变为止。

（2）合同履行期间，出现实际施工设计图纸（含设计变更）与招标工程量清单任一项目的特征描述不符，且该变化引起该项目的工程造价增减变化的，应按照实际施工的项目特征重新确定相应工程量清单项目的综合单价，计算调整的合同价款。

5. 工程量清单缺项

（1）合同履行期间，出现招标工程量清单项目缺项的，发承包双方应调整合同价款。

（2）新增分部分项工程量清单项目后，引起措施项目发生变化的，应按照 2013 版《计价规范》规定，在承包人提交的实施方案被发包人批准后调整分部分项工程费。

（3）由于招标工程量清单中分部分项工程出现缺项，引起措施项目发生变化的，应按照本规范的规定调整合同价款。

6. 工程量偏差

（1）合同履行期间，当应予计算的实际工程量与招标工程量清单出现偏差，且符合 2013 版《计价规范》规定的，发承包双方应调整合同价款。

（2）对于任一招标工程量清单项目，当因本条规定的工程量偏差和第 9.3 条规定的工程变更等原因导致工程量偏差超过 15％时，可进行调整。当工程量增加 15％以上时，其增加部分的工程量的综合单价应予调低；当工程量减少 15％以上时，减少后剩余部分的工程量的综合单价应予调高。

（3）当工程量出现因分部分项工程变化引起相关措施项目相应发生变化时，按系数或单一总价方式计价的，工程量增加的措施项目费调增，工程量减少的措施项目费适当调减。

7. 计日工

（1）发包人通知承包人以计日工方式实施的零星工作，承包人应予执行。

（2）采用计日工计价的任何一项变更工作，应在该项变更的实施过程中，承包人应按合同约定提交下列报表和有关凭证送发包人复核。

①工作名称、内容和数量。

②投入该工作所有人员的姓名、工种、级别和耗用工时。

③投入该工作的材料名称、类别和数量。

④投入该工作的施工设备型号、台数和耗用台时。

⑤发包人要求提交的其他资料和凭证。

（3）任一计日工项目持续进行时，承包人应在该项工作实施结束后的 24 小时内向发包人提交有计日工记录汇总的现场签证报告一式三份。发包人在收到承包人提交现场签证报告后的 2 天内予以确认并将其中一份返还给承包人，作为计日工计价和支付的依据。发包人逾期未确认也未提出修改意见的，视为承包人提交的现场签证报告已被发包人认可。

（4）任一计日工项目实施结束。承包人应按照确认的计日工现场签证报告核实该类项目的工程数量，并根据核实的工程数量和承包人已标价工程量清单中的计日工单价计算，提出应付价款；已标价工程量清单中没有该类计日工单价的，由发承包双方按本规范的规定商定计日工单价计算。

（5）每个支付期末，承包人应按照本规范的规定向发包人提交本期间所有计日工记录的签证汇总表，以说明本期间自己认为有权得到的计日工价款，列入进度款支付。

8. 物价变化

(1)合同履行期间,因人工、材料、工程设备、施工机械台班价格波动影响合同价款时,应根据合同约定,按本规范附录 A 的方法之一调整合同价款。

(2)承包人采购材料和工程设备的,应在合同中约定主要材料、工程设备价格变化的范围或幅度;当没有约定,且材料、工程设备单价变化超过 5% 时,超过部分的价格应按照本规范附录 A 的方法计算调整材料、工程设备费。

(3)发生合同工程工期延误的,应按照下列规定确定合同履行期的价格调整。

①因非承包人原因导致工期延误的,计划进度日期后续工程的价格,应采用计划进度日期与实际进度日期两者的较高者。

②因承包人原因导致工期延误的,计划进度日期后续工程的价格,应采用计划进度日期与实际进度日期两者的较低者。

(4)发包人供应材料和工程设备的,不适用本规范规定的,应由发包人按照实际变化调整,列入合同工程的工程造价内。

9. 暂估价

(1)发包人在招标工程量清单中给定暂估价的材料、工程设备属于依法必须招标的,应由发承包双方以招标的方式选择供应商,确定价格,并应以此为依据取代暂估价,调整合同价款。

(2)发包人在招标工程量清单中给定暂估价的材料、工程设备不属于依法必须招标的,应由承包人按照合同约定采购,经发包人确认单价后取代暂估价,调整合同价款。

(3)发包人在工程量清单中给定暂估价的专业工程不属于依法必须招标的,应按照本规范第 9.3 节相应条款的规定确定专业工程价款,并应以此为依据取代专业工程暂估价,调整合同价款。

(4)发包人在招标工程量清单中给定暂估价的专业工程,依法必须招标的,应当由发承包双方依法组织招标选择专业分包人,并接受有管辖权的建设工程招标投标管理机构的监督,还应符合下列要求。

①除合同另有约定外,承包人不参与投标的专业工程分包招标,应由承包人作为招标人,但招标文件评标工作、评标结果应报送发包人批准。与组织招标工作有关的费用应当被认为已经包括在承包人的签约合同价(投标总报价)中。

②承包人参加投标的专业工程分包招标,应由发包人作为招标人,与组织招标工作有关的费用由发包人承担。同等条件下,应优先选择承包人中标。

③应以专业工程分包中标价为依据取代专业工程暂估价,调整合同价款。

10. 不可抗力

(1)因不可抗力事件导致的人员伤亡、财产损失及其费用增加,发承包双方应按以下原则分别承担并调整合同价款和工期。

①合同工程本身的损害、因工程损害导致第三方人员伤亡和财产损失以及运至施工场地用于施工的材料和待安装的设备的损害,由发包人承担。

②发包人、承包人人员伤亡由其所在单位负责,并承担相应费用。

③承包人的施工机械设备损坏及停工损失,由承包人承担。

④停工期间,承包人应发包人要求留在施工场地的必要的管理人员及保卫人员的费用由

发包人承担。

⑤工程所需清理、修复费用,由发包人承担。

(2)不可抗力解除后复工的,若不能按期竣工,应合理延长工期。发包人要求赶工的,赶工费用应由发包人承担。

(3)因不可抗力解除合同的,应按本规范的规定办理。

11.提前竣工(赶工补偿)

(1)发包人要求承包人提前竣工,应征得承包人同意后与承包人商定采取加快工程进度的措施,并修订合同工程进度计划。

(2)合同工程提前竣工,发包人应承担承包人由此增加的费用,并按照合同约定向承包人支付提前竣工(赶工补偿)费。

(3)发承包双方应在合同中约定提前竣工每日历天应补偿额度。除合同另有约定外,提前竣工补偿的最高限额为合同价款的5%。此项费用列入竣工结算文件中,与结算款一并支付。

12.误期赔偿

(1)如果承包人未按照合同约定施工,导致实际进度迟于计划进度的,发包人应要求承包人加快进度,实现合同工期。

合同工程发生误期,承包人应赔偿发包人由此造成的损失,并按照合同约定向发包人支付误期赔偿费。即使承包人支付误期赔偿费,也不能免除承包人按照合同约定应承担的任何责任和应履行的任何义务。

(2)发承包双方应在合同中约定误期赔偿费,明确每日应赔额度。除合同另有约定外,误期赔偿费的最高限额为合同价款的5%。误期赔偿费列入竣工结算文件中,在结算款中扣除。

(3)如果在工程竣工之前,合同工程内的某单位工程已通过了竣工验收,且该单位工程接收证书中表明的竣工日期并未延误,而是合同工程的其他部分产生了工期延误,则误期赔偿费应按照已颁发工程接收证书的单位工程造价占合同价款的比例幅度予以扣减。

13.索赔

同上。

14.现场签证

同上。

15.暂列金额

(1)已签约合同价中的暂列金额由发包人掌握使用。

(2)发包人按照本规范规定作支付后有余额的,暂列金额余额应归发包人所有。

(八)竣工结算

(1)合同工程完工后,承包人应在经发承包双方确认的合同工程期中价款计算的基础上汇总编制完成竣工结算文件,应在提交竣工验收申请的同时向发包人提交竣工结算文件。

承包人未在合同约定的时间内提交竣工结算文件,经发包人催告后14天内仍未提交或没有明确答复,发包人有权根据已有资料编制竣工结算文件作为办理竣工结算和支付结算款的依据,承包人应予以认可。

(2)发包人应在收到承包人提交的竣工结算文件后的28天内审核完毕。发包人经核实,认为承包人还应进一步补充资料和修改结算文件,应在上述时限内向承包人提出核实意见,承包人在收到核实意见后的 14 天内按照发包人提出的合理要求补充资料,修改竣工结算文件,并再次提交给发包人复核后批准。

(3)发包人应在收到承包人再次提交的竣工结算文件后的 28 天内予以复核,并将复核结果通知承包人,并应遵守下列规定。

①发包人、承包人对复核结果无异议的,应在 7 天内在竣工结算文件上签字确认,竣工结算办理完毕;

②发包人或承包人对复核结果认为有误的,无异议部分按照本条第 1 款规定办理不完全竣工结算;有异议部分由发承包双方协商解决,协商不成的,按照合同约定的争议解决方式处理。

(4)发包人在收到承包人竣工结算文件后的 28 天内,不核对竣工结算或未提出审核意见的,应视为承包人提交的竣工结算文件已被发包人认可,竣工结算办理完毕。

(5)承包人在收到发包人提出的核实意见后的 28 天内,不确认也未提出异议的,视为发包人提出的核实意见已被承包人认可,竣工结算办理完毕。

(6)发包人委托造价咨询人审核竣工结算的,工程造价咨询人应在 28 天内审核完毕,审核结论与承包人竣工结算文件不一致的,应提交给承包人复核,承包人应在 14 天内将同意审核结论或不同意见的说明提交工程造价咨询人。工程造价咨询人收到承包人提出的异议后,应再次复核,复核有无异议,都按本规范相应条款规定办理。

承包人逾期未提出书面异议,视为工程造价咨询人审核的竣工结算文件已经承包人认可。

(7)对发包人或造价咨询人指派的专业人员与承包人经审核后无异议并签名确认的竣工结算文件,除非发包人能提出具体、详细的不同意见,发包人应在竣工结算文件上签名确认,如其中一方拒不签认的,按下列规定办理。

①若发包人拒不签认的,承包人可不提供竣工验收备案资料,并有权拒绝与发包人或其上级部门委托的工程造价咨询人重新核对竣工结算文件。

②若承包人拒不签认的,发包人要求办理竣工验收备案的,承包人不得拒绝提供竣工验收资料,否则,由此造成的损失,承包人承担相应责任。

(8)合同工程竣工结算核对完成,发承包双方签字确认后,发包人不得要求承包人与另一个或多个工程造价咨询人重复核对竣工结算。

(9)发包人对工程质量有异议,拒绝办理工程竣工结算的,已竣工验收或已竣工未验收但实际投入使用的工程,其质量争议应按该工程保修合同执行,竣工结算应按合同约定办理;已竣工未验收且未实际投入使用的工程以及停工、停建工程的质量争议,双方应就有争议的部分委托有资质的检测鉴定机构进行检测,并应根据检测结果确定解决方案,或按工程质量监督机构的处理决定执行后办理竣工结算,无争议部分的竣工结算应按合同约定办理。

(九)工程计价争议处理

1. 监理或造价工程师暂定

(1)若发包人和承包人之间就工程质量、进度、价款支付与扣除、工期延期、索赔、价款调整等发生任何法律上、经济上或技术上的争议,首先应根据已签约合同的规定,提交合同约定职责范围内的总监理工程师或造价工程师解决,并抄送给另一方。总监理工程师或造价工程师在收到此提交件后14天之内应将暂定结果通知发包人和承包人。发承包双方对暂定结果认可的,应以书面形式予以确认,暂定结果成为最终决定。

(2)发承包双方在收到总监理工程师或造价工程师的暂定结果通知之后的14天内,未对暂定结果予以确认也未提出不同意见的,视为发承包双方已认可该暂定结果。

(3)发承包双方或一方不同意暂定结果的,应以书面形式向总监理工程师或造价工程师提出,说明自己认为正确的结果,同时抄送另一方,此时该暂定结果成为争议。在暂定结果不实质影响发承包双方当事人履约的前提下,发承包双方应实施该结果,直到其被改变为止。

2. 管理机构的解释或认定

(1)合同价款争议发生后,发承包双方可就工程计价依据的争议以书面形式提请工程造价管理机构对争议以书面文件进行解释或认定。

(2)工程造价管理机构应在收到申请的10个工作日内就发承包双方提请的争议问题进行解释或认定。

(3)发承包双方或乙方在收到工程造价管理机构书面解释或认定后仍可按照合同约定的争议解决方式提请仲裁或诉讼。除工程造价管理机构的上级管理部门作出了不同的解释或认定,或在仲裁裁决或法院判决中不予采信的外,工程造价管理机构作出的书面解释或认定应为最终结果,并应对发承包人双方均有约束力。

3. 协商和解

(1)计价争议发生后,发承包双方任何时候都可以进行协商。协商达成一致的,双方应签订书面协议,书面协议对发承包双方均有约束力。

(2)如果协商不能达成一致协议,发包人或承包人都可以按合同约定的其他方式解决争议。

4. 调解

(1)发承包双方应在合同中约定或在合同签订后共同约定争议调解人,负责双方在合同履行过程中发生争议的调解。

(2)合同履行期间,发承包双方可协议调换或终止任何调解人,但发包人或承包人都不能单独采取行动。除非双方另有协议,在最终结清支付证书生效后,调解人的任期应即终止。

(3)如果发承包双方发生了争议,任何一方可将该争议以书面形式提交调解人,并将副本抄送另一方,委托调解人调解。

(4)发承包双方应按照调解人提出的要求,给调解人提供所需要的资料、现场进入权及相应设施。调解人应被视为不是在进行仲裁人的工作。

(5)调解人应在收到调解委托后28天内或由调解人建议并经发承包双方认可的其他期限内提出调解书,发承包双方接受调解书的,经双方签字后作为合同的补充文件,对发承包双方具有约束力,双方都应立即遵照执行。

(6)当发承包双方任一方对调解人的调解书有异议时,应在收到调解书后28天内向另一方发出异议通知,并应说明争议的事项和理由。但除非并直到调解书在协商和解或仲裁裁决、诉讼判决中作出修改,或合同已经解除,承包人应继续按照合同实施工程。

(7)当调解人已就争议事项向发承包双方提交了调解书,而任一方在收到调解书后28天内均未发出表示异议的通知时,调解书对发承包双方均具有约束力。

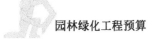

5.仲裁、诉讼

(1)发承包双方的协商或调解均未达成一致意见,其中的一方已就此争议事项根据合同约定的仲裁协议申请仲裁,应同时通知另一方。

(2)仲裁可在竣工之前或之后进行,但发包人、承包人、调解人各自的义务不得因在工程实施期间进行仲裁而有所改变。当仲裁是在仲裁机构要求停止施工的情况下进行时,承包人对合同工程应采取保护措施,由此增加的费用应由败诉方承担。

(3)在2013版《计价规范》规定的期限之内,暂定或和解协议或调解书已经有约束力的情况下,当发承包中一方未能遵守暂定或和解协议或调解书时,另一方可在不损害可能具有的任何其他权利的情况下,将未能遵守暂定或不执行和解协议或调解书达成的事项提出仲裁。

(4)发包人、承包人在履行合同时发生争议,双方不愿和解、调解或者和解、调解不成,又没有达成仲裁协议的,可依法向人民法院提起诉讼。

五 工程量清单计价格式

2013版《计价规范》规定了装饰装修工程量清单编制的内容,并规定了统一的格式,主要包括分部分项工程量清单、措施项目清单、其他项目清单、规费项目清单、税金项目清单。具体内容如下:

(1)封面(附录A);

(2)工程计价文件扉页(附录B);

(3)工程计价总说明(附录C);

(4)工程计价汇总表(附录D);

(5)分部分项工程和措施项目计价表(附录E);

(6)其他项目计价表(附录F);

(7)规费、税金项目计价表(附录G);

(8)工程计量申请(核准)表(附录H);

(9)合同价款支付申请(核准)表(附录I);

(10)主要材料、工程设备一览表(附录J)。

第二节　工程量清单计量方法

一 《园林绿化工程计量规范(GB 50858—2013)》

2013版《计量规范》含有4章附录,见表4-2。

2013版《计量规范》附录　　　　　　　　　　　　表4-2

附　录　名　称	附　录　码	工　程　名　称	使　用　范　围
附录A	0501	绿化工程	园林
附录B	0502	园路、园桥工程	园林
附录C	0503	园林景观工程	园林
附录D	0504	措施项目	园林

(一)绿化工程

1. 绿地整理

绿地整理工程量清单项目设置、项目特征描述的内容、计量单位、工程量计算规则应按 2013 版《计量规范》附录 A 中 A.1 即本书表 4-3 执行。

绿地整理（编码 050101）

表 4-3

项目编码	项目名称	项目特征	计量单位	工程量计算规则	工作内容
050101001	砍伐乔木	树干胸径	株	按数量计算	1. 砍伐 2. 废弃物运输 3. 场地清理
050101002	挖树根（蔸）	地径			1. 挖树根 2. 废弃物运输 3. 场地清理
050101003	砍挖灌木丛及根	丛高或蓬径	1. 株 2. m²	1. 以株计量，按数量计算 2. 以平方米计量，按面积计算	1. 砍挖 2. 废弃物运输 3. 场地清理
050101004	砍挖竹及根	根盘直径	株（丛）	按数量计算	
050101005	砍挖芦苇及根	根盘丛径	m²	按面积计算	
050101006	清除草皮	草皮种类			1. 除草 2. 废弃物运输 3. 场地清理
050101007	清除地被植物	植物种类			1. 清除植物 2. 废弃物运输 3. 场地清理
050101008	屋面清理	1. 屋面做法 2. 屋面高度 3. 垂直运输方式		按设计图示尺寸以面积计算	1. 原屋面清扫 2. 废弃物运输 3. 场地清理
050101009	种植土回（换）填	1. 回填土质要求 2. 取土运距 3. 回填厚度 4. 弃土运距	1. m³ 2. 株	1. 以立方米计量，按设计图示回填面积乘以回填厚度以体积计算 2. 以株计量，按设计图示数量计算	1. 土方挖、运 2. 回填 3. 找平、找坡 4. 废弃物运输
050101010	整理绿化用地	1. 回填土质要求 2. 取土运距 3. 回填厚度 4. 找平找坡要求 5. 弃渣运距	m²	按设计图示尺寸以面积计算	1. 排地表水 2. 土方挖、运 3. 耙细、过筛 4. 回填 5. 找平、找坡 6. 拍实 7. 废弃物运输

项目编码	项目名称	项目特征	计量单位	工程量计算规则	工作内容
050101011	绿地起坡造型	1. 回填土质要求 2. 回填厚度 3. 取土运距 4. 起坡高度	m²	按设计图示尺寸以面积计算	1. 排地表水 2. 土方挖、运 3. 耙细、过筛 4. 回填 5. 找平、找坡 6. 废弃物运输
050101012	屋顶花园基底处理	1. 找平层厚度、砂浆种类、强度等级 2. 防水层种类、做法 3. 排水层厚度、材质 4. 过滤层厚度、材质 5. 回填轻质土壤厚度、种类 6. 屋面高度 7. 垂直运输方式 8. 阻根层厚度、材质、做法			1. 抹找平层 2. 防水层铺设 3. 排水层铺设 4. 过滤层铺设 5. 填轻质土壤 6. 阻根层铺设 7. 运输

注:整理绿化用地项目包含厚度≤300mm以内回填土,厚度>300mm以上回填土,应按现行国家标准《房屋建筑与装饰工程工程量计算规范》(GB 50854)相应项目列表列项。

2. 栽植花木

栽植花木工程量清单项目设置、项目特征描述的内容、计量单位、工程量计算规则应按2013版《计量规范》附录A中A.2即本书表4-4执行。

栽植花木(编码050102)   表4-4

项目编码	项目名称	项目特征	计量单位	工程量计算规则	工作内容
050102001	栽植乔木	1. 种类 2. 胸径或干径 3. 株高、冠径 4. 起挖方式 5. 养护期	株	按设计图示数量计算	1. 起挖 2. 运输 3. 栽植 4. 养护
050102002	栽植灌木	1. 种类 2. 根盘直径 3. 冠丛高 4. 蓬径 5. 起挖方式 6. 养护期	1. 株 2. m²	1. 以株计量,按设计图数量计算 2. 以平方米计量,按设计图示尺寸以绿化水平投影面积计算	

84

项目编码	项目名称	项目特征	计量单位	工程量计算规则	工作内容
050102003	栽植竹类	1.竹种类 2.竹胸径或根盘丛径 3.养护期	1.株 2.丛	按设计图示数量计算	1.起挖 2.运输 3.栽植 4.养护
050102004	栽植棕榈类	1.棕榈种类 2.株高或地径 3.养护期	株		
050102005	栽植绿篱	1.种类 2.篱高 3.行数、蓬径 4.单位面积株数 5.养护期	1.m 2.m²	1.以米计量,按设计图示长度以延长米计算 2.以平方米计量,按设计图示尺寸以绿化水平投影面积计算	
050102006	栽植攀缘植物	1.植物种类 2.地径 3.养护期	1.株 2.m	1.以株计量,按设计图示数量计算 2.以米计量,按设计图示种植长度以延长米计算	
050102007	栽植色带	1.苗木、花卉种类 2.株高或蓬径 3.单位面积株数 4.养护期	m²	按设计图示尺寸以绿化水平投影面积计算	
050102008	栽植花卉	1.花卉种类 2.株高或蓬径 3.单位面积株数 4.养护期	1.株(丛、缸) 2.m²	以株、丛、缸计量,按设计图示数量计算	1.起挖 2.运输 3.栽植 4.养护
050102009	栽植水生植物	1.植物种类 2.株高或蓬径或芽数/株 3.单位面积株数 4.养护期	1.丛 2.缸 3.m²		

项目编码	项目名称	项目特征	计量单位	工程量计算规则	工作内容
050102010	垂直墙体绿化种植	1.植物种类 2.生长年数或地(干)径 3.养护期	1. m² 2. m	1.以平方米计量,按设计图示尺寸以绿化水平投影面积计算 2.以米计量,按设计图示种植长度以延长米计算	1.起挖 2.运输 3.栽植容器安装 4.栽植 5.养护
050102011	花卉立体布置	1.草本花卉种类 2.高度或蓬径 3.单位面积株数 4.种植形式 5.养护期	1.单体 2.处 3. m²	1.以单体(处)计量,按设计图示数量计算 2.以平方米计量,按设计图示尺寸以面积计算	1.起挖 2.运输 3.栽植 4.养护
050102012	铺种草皮	1.草皮种类 2.铺种方式 3.养护期	m²	按设计图示尺寸以绿化投影面积计算	1.起挖 2.运输 3.铺底沙(土) 4.栽植 5.养护
050102013	喷播植草(灌木)籽	1.基层材料种类规格 2.草(灌木)籽种类 3.养护期			1.基层处理 2.坡地细整 3.喷播 4.覆盖 5.养护
050102014	植草砖内植草	1.草坪种类 2.养护期			1.起挖 2.运输 3.覆土(沙) 4.铺设 5.养护
050102015	挂网	1.种类 2.规格	m²	按设计图示尺寸以挂网投影面积计算	1.制作 2.运输 3.安装

项目编码	项目名称	项目特征	计量单位	工程量计算规则	工作内容
050102016	箱/钵栽植	1.箱/钵体材料品种 2.箱/钵体外型尺寸 3.栽植植物种类、规格 4.土质要求 5.防护材料种类 6.养护期	个	按设计图示数量计算	1.制作 2.运输 3.安放 4.栽植 5.养护

注:1.挖土外运、借土回填、挖(凿)土(石)方应包括在相关项目内。

2.苗木计算应符合下列规定:

(1)胸径应为地表面向上1.2m高处树干直径(或以工程所在地规定为准);

(2)冠径又称冠幅,应为苗木冠丛垂直投影面的最大直径和最小直径之间的平均值;

(3)蓬径应为灌木、灌丛垂直投影面的直径;

(4)地径应为地表面向上0.1m高处树干直径;

(5)干径应为地表面向上0.3m高处树干直径;

(6)株高应为地表面至树顶端的高度;

(7)冠丛高应为地表面至乔(灌)木顶端的高度;

(8)篱高应为地表面至绿篱顶端的高度;

(9)生长期应为苗木种植至起苗的时间;

(10)养护期应为招标文件中要求苗木种植结束,竣工验收通过后承包人负责养护的时间。

3.苗木移(假)植应按花木栽植相关项目单独编码列项。

4.土球包裹材料、打吊针及喷洒生根剂等费用应包含在相应项目内。

5.墙体绿化浇灌系统按本规范A.3绿地喷灌相关单独编码列项。

6.发包人如有成活率要求时,应在特征描述中加以描述。

3.绿地喷灌

绿地喷灌工程量清单项目设置、项目特征描述的内容、计量单位、工程量计算规则应按2013版《计量规范》附录A中A.3即本书表4-5执行。

绿地喷灌(编码050103)   表4-5

项目编码	项目名称	项目特征	计量单位	工程量计算规则	工作内容
050103001	喷灌管线安装	1.管道品种、规格 2.管件品种、规格 3.管道固定方式 4.防护材料种类 5.油漆品种、刷漆遍数	m	按设计图示管中心线长度以延长米计算,不扣除检查(阀门)井、阀门、管件及附件所占的长度	1.管道铺设 2.管道固筑 3.水压试验 4.刷防护材料、油漆

项目编码	项目名称	项目特征	计量单位	工程量计算规则	工作内容
050103002	喷灌配件安装	1. 管道附件、阀门、喷头品种、规格 2. 管道附件、阀门、喷头固定方式 3. 防护材料种类 4. 油漆品种、刷漆遍数	个	按设计图示数量计算	1. 管道附件、阀门、喷头安装 2. 水压试验 3. 刷防护材料、油漆

注:1. 挖填土石方应按《房屋建筑与装饰工程计量规范》(GB)附录 A 相关项目编码列项。

　　2. 阀门井应按市政工程计量规范相关项目编码列项。

(二)园路、园桥工程

1. 园路、园桥

园路、园桥工程量清单项目设置、项目特征描述的内容、计量单位、工程量计算规则应按 2013 版《计量规范》附录 B 中 B.1 即本书表 4-6 执行。

园路、园桥工程(编码 050201) 表 4-6

项目编码	项目名称	项目特征	计量单位	工程量计算规则	工作内容
050201001	园路	1. 路床土石类别 2. 垫层厚度、宽度、材料种类 3. 路面厚度、宽度、材料种类 4. 砂浆强度等级	m²	按设计图示尺寸以面积计算,不包括路牙	1. 路基、路床整理 2. 垫层铺筑 3. 路面铺筑 4. 路面养护
050201002	踏(蹬)道			按设计图示尺寸以水平投影面积计算,不包括路牙	
050201003	路牙铺设	1. 垫层厚度、材料种类 2. 路牙材料种类、规格 3. 砂浆强度等级	m	按设计图示尺寸以长度计算	1. 基层清理 2. 垫层铺设 3. 路牙铺设
050201004	树池围牙、盖板(箅子)	1. 围牙材料种类、规格 2. 铺设方式 3. 盖板材料种类、规格	1. m 2. 套	1. 以米计量,按设计图示尺寸以长度计算 2. 以套计量,按设计图示数量计算	1. 清理基层 2. 围牙、盖板运输 3. 围牙、盖板铺设

项目编码	项目名称	项目特征	计量单位	工程量计算规则	工作内容
050201005	嵌草砖(格)铺装	1.垫层厚度 2.铺设方式 3.嵌草砖品种、规格、颜色 4.漏空部分填土要求	m²	按设计图示尺寸以面积计算	1.原土夯实 2.垫层铺设 3.铺砖 4.填土
050201006	桥基础	1.基础类型 2.垫层及基础材料种类、规格 3.砂浆强度等级	m³	按设计图示尺寸以体积计算	1.垫层铺筑 2.基础砌筑 3.砌石
050201007	石桥墩、石桥台	1.石料种类、规格 2.勾缝要求 3.砂浆强度等级、配合比			1.石料加工 2.起重架搭、拆 3.墩、台、石、脸砌筑 4.勾缝
050201008	拱券石	1.石料种类、规格 2.脸雕刻要求 3.勾缝要求 4.砂浆强度等级、配合比			
050201009	石券脸		m²	按设计图示尺寸以面积计算	
050201010	金刚墙砌筑		m³	按设计图示尺寸以体积计算	1.石料加工 2.起重架搭、拆 3.砌石 4.填土夯实
050201011	石桥面铺筑	1.石料种类、规格 2.找平层厚度、材料种类 3.勾缝要求 4.混凝土强度等级 5.砂浆强度等级	m²	按设计图示尺寸以面积计算	1.石材加工 2.抹找平层 3.起重架搭、拆 4.桥面、桥面踏步铺设 5.勾缝
050201012	石桥面檐板	1.石料种类、规格 2.勾缝要求 3.砂浆强度等级、配合比			1.石材加工 2.檐板铺设 3.铁锔、银锭安装 4.勾缝

项目编码	项目名称	项目特征	计量单位	工程量计算规则	工作内容
050201013	石汀步 (步石、飞石)	1. 石料种类、规格 2. 砂浆强度等级、配合比	m³	按设计图示尺寸以体积计算	1. 基层整理 2. 石材加工 3. 砂浆调运 4. 砌石
050201014	木制步桥	1. 桥宽度 2. 桥长度 3. 木材种类 4. 各部位截面长度 5. 防护材料种类	m²	按设计图示尺寸以	1. 木桩加工 2. 打木桩基础 3. 木梁、木桥板、木桥栏杆、木扶手制作、安装 4. 连接铁件、螺栓安装 5. 刷防护材料
050201015	栈道	1. 栈道宽度 2. 支架材料种类 3. 面层木材种类 4. 防护材料种类		桥面板长乘桥面板宽以面积计算	1. 凿洞 2. 安装支架 3. 铺设面板 4. 刷防护材料

注：1. 园路、园桥工程的挖土方、开凿石方、回填等应按现行国家标准《市政工程工程量计算规范》(GB 50857)相关项目编码列项。

2. 如遇某些构配件使用钢筋混凝土或金属构件时，应按现行国家标准《房屋建筑与装饰工程工程量计算规范》(GB 50854)或《市政工程工程量计算规范》(GB 50857)相关项目编码列项。

3. 地伏石、石望柱、石栏杆、石栏板、扶手、撑鼓等应按现行国家标准《仿古建筑工程工程量计算规范》(GB 50855)相关项目编码列项。

4. 亲水(小)码头各分部分项项目按照园桥相应项目编码列项。

5. 台阶项目按现行国家标准《房屋建筑与装饰工程工程量计算规范》(GB 50854)相关项目编码列项。

6. 混合类构件园桥按现行国家标准《房屋建筑与装饰工程工程量计算规范》(GB 50854)或《通用安装工程工程量计算规范》(GB 50856)相关项目编码列项。

2. 驳岸、护岸

驳岸、护岸工程量清单项目设置、项目特征描述的内容、计量单位、工程量计算规则应按2013版《计量规范》附录 B 中 B.2 即本书表4-7执行。

驳岸、护岸工程(编码 050202)　　　　　　　　　　表4-7

项目编码	项目名称	项目特征	计量单位	工程量计算规则	工作内容
050202001	石(卵石)砌驳岸	1. 石料种类、规格 2. 驳岸截面、长度 3. 勾缝要求 4. 砂浆强度等级、配合比	1. m³ 2. t	1. 以立方米计量，按设计图示尺寸以体积计算 2. 以吨计量，按质量计算	1. 石料加工 2. 砌石 3. 勾缝

项目编码	项目名称	项目特征	计量单位	工程量计算规则	工作内容
050202002	原木桩驳岸	1. 木材种类 2. 桩直径 3. 桩单根长度 4. 防护材料种类	1. m 2. 根	1. 以米计量，按设计图示桩长（包括桩尖）计算 2. 以根计量，按设计图示数量计算	1. 木桩加工 2. 打木桩 3. 刷防护材料
050202003	满（散）铺砂卵石护岸（自然护岸）	1. 护岸平均宽度 2. 粗细砂比例 3. 卵石粒径 4. 大卵石粒径、数量	1. m² 2. t	1. 以平方米计量，按设计图示平均护岸宽度乘以护岸长度以面积计算 2. 以吨计量，按卵石使用重量计算	1. 修边坡 2. 铺卵石、点布大卵石
050202004	点（散）布大卵石	1. 大卵石粒径 2. 数量	1. 块、（个） 2. t	1. 以块（个）计算，按设计图示数量计算 2. 以吨计算，按卵石使用质量计算	1. 布石 2. 安砌 3. 成型
050202005	框格花木护坡	1. 护岸平均宽度 2. 护坡材质 3. 框格种类与规格	m²	按设计图示平均护岸宽度乘以护岸长度以面积计算	1. 修边坡 2. 安放框格

91

注:1. 驳岸工程的挖土方、开凿石方、回填等应按现行国家标准《房屋建筑与装饰工程工程量计算规范》(GB 50854)附录 A 相关项目编码列项。

2. 木桩钎（梅花桩）按原木桩驳岸项目单独编码列项。

3. 钢筋混凝土仿木桩驳岸，其钢筋混凝土及表面装饰按现行国家标准《房屋建筑与装饰工程工程量计算规范》(GB 50854)相关项目编码列项，若表面"塑松皮"按附录 C"园林景观工程"相关项目编码列项。

4. 框格花木护坡的铺草皮、撒草籽等应按附录 A"绿化工程"相关项目编码列项。

(三)园林景观工程

1. 堆砌石假山清单项目设置

堆砌石假山工程量清单项目设置、项目特征描述的内容、计量单位、工程量计算规则应按 2013 版《计量规范》附录 C 中的表 C.1 即本书表 4-8 执行。

堆塑假山（编码 050301）　　　　　　　　　　表 4-8

项目编码	项目名称	项目特征	计量单位	工程量计算规则	工作内容
050301001	堆筑土山丘	1. 土丘高度 2. 土丘坡度要求 3. 土丘底外接矩形面积	m³	按设计图示山丘水平投影外接矩形面积乘以高度的 1/3 以体积计算	1. 取土 2. 运土 3. 堆砌、夯实 4. 修整

项目编码	项目名称	项目特征	计量单位	工程量计算规则	工作内容
050301002	堆砌石假山	1.堆砌高度 2.石料种类、单块重量 3.混凝土强度等级 4.砂浆强度等级、配合比	t	按设计图示尺寸以质量计算	1.选料 2.起重机搭、拆 3.堆砌、修整
050301003	塑假山	1.假山高度 2.骨架材料种类、规格 3.山皮料种类 4.混凝土强度等级 5.砂浆强度等级、配合比 6.防护材料种类	m²	按设计图示尺寸以展开面积计算	1.骨架制作 2.假山胎模制作 3.塑假山 4.山皮料安装 5.刷防护材料
050301004	石笋	1.石笋高度 2.石笋材料种类 3.砂浆强度等级、配合比	支	1.以块(支、个)计量按设计图示数量计算 2.以吨计量,按设计图示	1.选石料 2.石笋安装
050301005	点风景石	1.石料种类 2.石料规格、重量 3.砂浆配合比	1.块 2.t		1.选石料 2.起重架搭、拆 3.点石
050301006	池、盆景置石	1.底盘种类 2.山石高度 3.山石种类 4.混凝土砂浆强度等级 5.砂浆强度等级、配合比	1.座 2.个		1.底盘制作、安装 2.池、盆景、山石安装、砌筑
050301007	山(卵)石护角	1.石料种类、规格 2.砂浆配合比	m³	按设计图示尺寸以体积计算	1.石料加工 2.砌石

项目编码	项目名称	项目特征	计量单位	工程量计算规则	工作内容
050301008	山坡(卵)石台阶	1.石料种类、规格 2.台阶坡度 3.砂浆强度等级	m²	按设计图示尺寸以水平投影面积计算	1.选石料 2.台阶砌筑

注:1.假山(堆筑土山丘除外)工程的挖土方、开凿石方、回填等应按现行国家标准《房屋建筑与装饰工程工程量计算规范》(GB 50854)相关项目编码列项。

2.如遇某些构配件使用钢筋混凝土或金属构件时,应按现行国家标准《房屋建筑与装饰工程工程量计算规范》(GB 50854)或《市政工程工程量计算规范》(GB 50857)相关项目编码列项。

3.散铺河滩石按点风景石项目单独编码列项。

4.堆筑土山丘,适用于夯填、堆筑而成。

2.原木、竹构件

原木、竹构件工程量清单项目设置、项目特征描述的内容、计量单位、工程量计算规则应按 2013 版《计量规范》附录 C 中 C.2 即本书表 4-9 执行。

原木、竹构件(编码 050302)   表 4-9

项目编码	项目名称	项目特征	计量单位	工程量计算规则	工作内容
050302001	原木(带树皮)柱、梁、檩、椽		m	按设计图示尺寸以长度计算(包括榫长)	
050302002	原木(带树皮)墙	1.原木种类 2.原木稍径(不含树皮厚度) 3.墙龙骨材料种类、规格 4.墙底层材料种类、规格 5.构件联结方式 6.防护材料种类	m²	按设计图示尺寸以面积计算(不包括柱、梁)	1.构件制作 2.构件安装 3.刷防护材料
050302003	树枝吊挂楣子			按设计图示尺寸以框外围面积计算	

项目编码	项目名称	项目特征	计量单位	工程量计算规则	工作内容
050302004	竹柱、梁、檩、椽	1.竹种类 2.竹梢径 3.连接方式 4.防护材料种类	m	按设计图示尺寸以长度计算	1.构件制作 2.构件安装 3.刷防护材料
050302005	竹编墙	1.竹种类 2.墙龙骨材料种类、规格 3.墙底层材料种类、规格 4.防护材料种类	m²	按设计图示尺寸以面积计算(不包括柱、梁)	
050302006	竹吊挂楣子	1.竹种类 2.竹梢径 3.防护材料种类		按设计图示尺寸以框外围面积计算	

注:1.木构件连接方式应包括:开榫连接、铁件连接、扒钉连接、铁钉连接。
　　2.竹构件连接方式应包括:竹钉固定、竹篾绑扎、铁丝连接。

3.亭廊屋面

彩色压型钢板(夹芯板)穹顶工程量清单项目设置、项目特征描述的内容、计量单位、工程量计算规则应按2013版《计量规范》附录C中C.3即本书表4-10执行。

亭廊屋面(编码050303)　　　　　　　　　　　　　　表4-10

项目编码	项目名称	项目特征	计量单位	工程量计算规则	工作内容
050303001	草屋面	1.屋面坡度 2.铺草种类 3.竹材种类 4.防护材料种类	m²	按设计图示尺寸以斜面计算	1.整理、选料 2.屋面铺设 3.刷防护材料
050303002	竹屋面			按设计图示尺寸以实铺面积计算(不包括柱、梁)	
050303003	树皮屋面			按设计图示尺寸以实铺框外围面积计算	
050303004	油毡瓦屋面	1.冷底子油品种 2.冷底子油涂刷遍数 3.油毡瓦颜色规格		按设计图示尺寸以斜面计算	1.清理基层 2.材料裁接 3.刷油 4.铺设

项目编码	项目名称	项目特征	计量单位	工程量计算规则	工作内容
050303005	预制混凝土穹顶	1. 穹顶弧长、直径 2. 肋截面尺寸 3. 板厚 4. 混凝土强度等级 5. 拉杆材质、规格	m³	按设计图示尺寸以体积计算。混凝土脊和穹顶的肋、基梁并入屋面体积	1. 制作 2. 运输 3. 安装 4. 接头灌缝、养护
050303006	彩色压型钢板（夹芯板）攒尖亭屋面板	1. 屋面坡度 2. 穹顶弧长、直径 3. 彩色压型钢板（夹芯板）品种、规格、品牌、颜色 4. 拉杆材质、规格 5. 嵌缝材料种类 6. 防护材料种类	m²	按设计图示尺寸以实铺面积计算	1. 压型板安装 2. 护角、包角、泛水安装 3. 嵌缝 4. 刷防护材料
050303007	彩色压型钢板（夹芯板）穹顶				
050303008	玻璃屋面	1. 屋面坡度 2. 龙骨材质、规格玻璃材质、规格 3. 防护材料种类			1. 制作 2. 运输 3. 安装
050303009	木（防腐木）屋面	1. 木（防腐木）种类 2. 防护层处理			1. 制作 2. 运输 3. 安装

注：1. 柱顶石（磉蹬石）、钢筋混凝土屋面板、钢筋混凝土亭屋面板、木柱、木屋架、钢柱、钢屋架、屋面木基层和防水层等，应按现行国家标准《房屋建筑与装饰工程工程量计算规范》（GB 50854）中相关项目编码列项。

2. 膜结构的亭、廊，应按现行国家标准《房屋建筑与装饰工程工程量计算规范》（GB 50854）及《仿古建筑工程工程量计算规范》（GB 50855）中相关项目编码列项。

3. 竹构件连接方式应包括：竹钉固定、竹篾绑扎、铁丝连接。

4. 花架

花架工程量清单项目设置、项目特征描述的内容、计量单位、工程量计算规则应按 2013 版《计量规范》附录 C 中 C.4 即本书表 4-11 执行。

95

花架(编码 050304)   表 4-11

项目编码	项目名称	项目特征	计量单位	工程量计算规则	工作内容
050304001	现浇混凝土花架柱、梁	1.柱截面、高度、根数 2.盖梁截面、高度、根数 3.连系梁截面、高度、根数 4.混凝土强度等级 5.模板计量方式	m³	按设计图示尺寸以体积计算	1.模板制作、运输、安装、拆除、保养 2.混凝土制作、运输、浇筑、振捣、养护
050304002	预制混凝土花架柱、梁	1.柱截面、高度、根数 2.盖梁截面、高度、根数 3.连系梁截面、高度、根数 4.混凝土强度等级 5.砂浆配合比			1.构件安装 2.砂浆制作、运输 3.接头灌缝、养护
050304003	木花架柱、梁	1.木材种类 2.柱、梁截面 3.连接方式 4.防护材料种类		按设计图示截面乘长度(包括榫长),以体积计算	1.构件制作、运输、安装 2.刷防护材料、油漆
050304004	金属花架柱、梁	1.钢材品种、规格 2.柱、梁截面 3.油漆品种、刷漆遍数	t	按设计图示尺寸,以质量计算	1.制作 2.运输 3.安装 4.油漆
050304005	竹花架柱、梁	1.竹种类 2.竹胸径 3.油漆品种、刷漆遍数	1.m 2.根	1.以长度计量,按设计图示花架构件尺寸,以延长米计算 2.以根计量,按设计图示花架柱、梁数量计算	

注:花架基础、玻璃天棚、表面装饰及涂料项目应按《房屋建筑与装饰工程计量规范》(GB 50854)中相关项目编码列项。

5.园林桌椅

园林桌椅工程量清单项目设置、项目特征描述的内容、计量单位、工程量计算规则应按2013版《计量规范》附录 C 中 C.5 即本书表 4-12 执行。

96

项目编码	项目名称	项目特征	计量单位	工程量计算规则	工作内容
050305001	预制钢筋混凝土飞来椅	1. 坐凳面厚度、宽度 2. 靠背扶手截面 3. 靠背截面 4. 坐凳楣子形状、尺寸 5. 混凝土强度等级 6. 砂浆配合比	m	按设计图示尺寸,以座凳面中心线长度计算	1. 模板制作、运输、安装、拆除、保养 2. 混凝土制作、运输、浇筑、振捣、养护 3. 构件运输、安装 4. 砂浆制作、运输、抹面、养护 5. 接头灌缝、养护
050305002	水磨石飞来椅	1. 座凳面厚度、宽度 2. 靠背扶手截面 3. 靠背截面 4. 座凳楣子形状、尺寸 5. 砂浆配合比			1. 砂浆制作、运输 2. 制作 3. 运输 4. 安装
050305003	竹制飞来椅	1. 竹材种类 2. 座凳面厚度、宽度 3. 靠背扶手截面 4. 靠背截面 5. 座凳楣子形状 6. 铁件尺寸、厚度 7. 防护材料种类			1. 座凳面、靠背扶手、靠背、楣子制作、安装 2. 铁件安装 3. 刷防护材料
050305004	现浇混凝土桌凳	1. 桌凳形状 2. 基础尺寸、埋设深度 3. 桌面尺寸、支墩高度 4. 凳面尺寸、支墩高度 5. 混凝土强度等级、砂浆配合比 6. 模板计量方式	个	按设计图示数量计算	1. 模板制作、运输、安装、拆除、保养 2. 混凝土制作、运输、浇筑、振捣、养护 3. 砂浆制作、运输

97

项目编码	项目名称	项目特征	计量单位	工程量计算规则	工作内容
050305005	预制混凝土桌凳	1.桌凳形状 2.基础形状、尺寸、埋设深度 3.桌面形状、尺寸、支墩高度 4.凳面尺寸、支墩高度 5.混凝土强度等级 6.砂浆配合比	个	按设计图示数量计算	1.桌凳制作、安装 2.砂浆制作、运输 3.接头灌缝、养护
050305006	石桌石凳	1.石材种类 2.基础形状、尺寸、埋设深度 3.桌面形状、尺寸、支墩高度 4.凳面尺寸、支墩高度 5.混凝土强度等级 6.砂浆配合比	个	按设计图示数量计算	1.土方挖运 2.桌凳制作 3.砂浆制作、运输 4.桌凳安装
050305007	水磨石桌凳	1.基础形状、尺寸、埋设深度 2.桌面形状、尺寸、支墩高度 3.凳面尺寸、支墩高度 4.混凝土强度等级 5.砂浆配合比			1.砂浆制作、运输 2.桌凳制作 3.桌凳运输 4.桌凳安装
050305008	塑树根桌凳	1.桌凳直径 2.桌凳高度 3.砖石种类 4.砂浆强度等级、配合比 5.颜料品种、颜色	个	按设计图示数量计算	1.砂浆制作、运输 2.砖石砌筑 3.塑树皮 4.绘制木纹
050305009	塑树节椅				

项目编码	项目名称	项目特征	计量单位	工程量计算规则	工作内容
050305010	塑料、铁艺、金属椅	1. 木座板面截面 2. 座椅规格、颜色 3. 混凝土强度等级 4. 防护材料种类	个	按设计图示数量计算	1. 座椅制作 2. 座板安装 3. 刷防护材料

注:木制飞来椅按现行国家标准《仿古建筑工程工程量计算规范》(GB 50855)相关项目编码列项。

6. 喷泉安装

喷泉安装工程量清单项目设置、项目特征描述的内容、计量单位、工程量计算规则应按2013 版《计量规范》附录 C 中 C.6 即本书表 4-13 执行。

喷泉安装(编码 050306)　　　　　　　　　　表 4-13

项目编码	项目名称	项目特征	计量单位	工程量计算规则	工作内容
050306001	喷泉管道	1. 管材、管件、阀门、喷头品种 2. 管道固定方式 3. 防护材料种类	m	按设计图示尺寸以长度计算	1. 土(石)方挖运 2. 管材、管件、阀门、喷头安装 3. 刷防护材料 4. 回填
050306002	喷泉电缆	1. 保护管品种、规格 2. 电缆品种、规格			1. 土(石)方挖运 2. 电缆保护管安装 3. 电缆敷设 4. 回填
050306003	水下艺术装饰灯具	1. 灯具品种、规格、品牌 2. 灯光颜色	套	按设计图示数量计算	1. 灯具安装 2. 支架制作、运输、安装
050306004	电气控制柜	1. 规格、型号 2. 安装方式	台	按设计图示数量计算	1. 电气控制柜(箱)安装 2. 系统调试
050306005	喷泉设备	1. 设备品种 2. 设备规格、型号 3. 防护网品种、规格			1. 设备安装 2. 系统调试 3. 防护网安装

注:1. 喷泉水池应按现行国家标准《房屋建筑与装饰工程工程量计算规范》(GB 50854)中相关项目编码列项。

2. 管架项目按现行国家标准《房屋建筑与装饰工程工程量计算规范》(GB 50854)中钢支架项目单独编码列项。

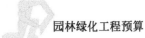

7. 杂项

杂项工程量清单项目设置、项目特征描述的内容、计量单位、工程量计算规则应按 2013 版《计量规范》附录 C 的表 C.7 即本书表 4-14 执行。

杂项（编码 050307）   表 4-14

项目编码	项目名称	项目特征	计量单位	工程量计算规则	工作内容
050307001	石灯	1. 石料种类 2. 石灯最大截面 3. 石灯高度 4. 砂浆配合比	个	按设计图示数量计算	1. 石灯（球）制作 2. 石灯（球）安装
050307002	石球	1. 石料种类 2. 球体直径 3. 砂浆配合比			
050307003	塑仿石音箱	1. 音箱石内空尺寸 2. 铁丝型号 3. 砂浆配合比 4. 水泥漆品牌、颜色			1. 胎模制作、安装 2. 铁丝网制作、安装 3. 砂浆制作、运输 4. 喷水泥漆 5. 埋置仿石音箱
050307004	塑树皮梁、柱	1. 塑树种类 2. 塑竹种类 3. 砂浆配合比 4. 喷字规格、颜色 5. 油漆品种、颜色	1. m² 2. m	1. 以平方米计量，按设计图示尺寸以梁柱外表面积计算 2. 以米计量，按设计图示尺寸以构件长度计算	1. 灰塑 2. 刷涂颜料
050307005	塑竹梁、柱				
050307006	铁艺栏杆	1. 铁艺栏杆高度 2. 铁艺栏杆单位长度重量 3. 防护材料种类	m	按设计图示尺寸以长度计算	1. 铁艺栏杆安装 2. 刷防护材料
050307007	塑料栏杆	1. 栏杆高度 2. 塑料种类	m	按设计图示尺寸以长度计算	1. 下料 2. 安装 3. 校正
050307008	钢筋混凝土艺术围栏	1. 围栏高度 2. 混凝土强度等级 3. 表面涂敷材料种类	m²	按设计图示尺寸以面积计算	1. 安装 2. 砂浆制作、运输 3. 接头灌缝、养护

项目编码	项目名称	项目特征	计量单位	工程量计算规则	工作内容
050307009	标志牌	1.材料种类、规格 2.镌字规格、种类 3.喷字规格、颜色 4.油漆品种、颜色	个	按设计图示数量计算	1.选料 2.标志牌制作 3.雕凿 4.镌字、喷字 5.运输、安装 6.刷油漆
050307010	景墙	1.土质类别 2.垫层材料种类 3.基础材料种类、规格 4.墙体材料种类、规格 5.墙体厚度 6.混凝土、砂浆强度等级、配合比 7.饰面材料种类	1.m³ 2.段	1.以立方米计量,按设计图示尺寸以体积计算 2.以段计量,按设计图示尺寸以数量计算	1.土(石)方挖运 2.垫层、基础铺设 3.墙体砌筑 4.面层铺贴
050307011	景窗	1.景窗材料品种、规格 2.混凝土强度等级 3.砂浆强度等级、配合比 4.涂刷材料品种	m²	按设计图示尺寸以面积计算	1.制作 2.运输 3.砌筑安放 4.勾缝 5.表面涂刷
050307012	花饰	1.花饰材料品种、规格 2.砂浆配合比 3.涂刷材料品种			
050307013	博古架	1.博古架材料品种、规格 2.混凝土强度等级 3.砂浆配合比 4.涂刷材料品种	1.m² 2.m 3.个	1.以平方米计量,按设计图示尺寸以面积计算 2.以米计量,按设计图示尺寸以延长米计算 3.以个计量,按设计图示尺寸以数量计算	1.制作 2.运输 3.砌筑安放 4.勾缝 5.表面涂刷

项目编码	项目名称	项目特征	计量单位	工程量计算规则	工作内容
050307014	花盆(坛、箱)	1.花盆(坛)的材质及类型 2.规格尺寸 3.混凝土强度等级 4.砂浆配合比	个	按设计图示尺寸以数量计算	1.制作 2.运输 3.安放
050307015	摆花	1.花盆(钵)的材质及类型 2.花卉品种与规格	1. m³ 2.个	1.以平方米计量,按设计图示尺寸以水平投影面积计算 2.以个计量,按设计图示数量计算	1.搬运 2.安放 3.养护 4.撤收
050307016	花池	1.土质类别 2.池壁材料种类、规格 3.混凝土、砂浆强度等级、配合比 4.饰面材料种类 5.模板计量方式	1. m³ 2. m 3.个	1.以立方米计量,按设计图示尺寸以体积计算 2.以米计量,按设计图示尺寸以池壁中心线处延长米计算 3.以个计量,按设计图示数量计算	1.垫层铺设 2.基础砌(浇)筑 3.墙体砌(浇)筑 4.面层铺贴
050307017	垃圾箱	1.垃圾箱材质 2.规格尺寸 3.混凝土强度等级 4.砂浆配合比	个	按设计图示尺寸以数量计算	1.制作 2.运输 3.安放
050307018	砖石砌小摆设	1.砖种类、规格 2.石种类、规格 3.砂浆强度等级、配合比 4.石表面加工要求 5.勾缝要求	1. m³ 2.个	1.以立方米计量,按设计图示尺寸以体积计算 2.以个计量,按设计图示尺寸以数量计算	1.砂浆制作、运输 2.砌砖、石 3.抹面、养护 4.勾缝 5.石表面加工
050307019	其他景观小摆设	1.名称及材质 2.规格尺寸	个	按设计图示尺寸以数量计算	1.制作 2.运输 3.安装
050307020	柔性水池	1.水池深度 2.防水(漏)材料品种	m²	按设计图示尺寸以水平投影面积计算	1.清理基层 2.材料裁接 3.铺设

注:砌筑果皮箱,放置盆景的须弥座等,应按砖石砌小摆设项目编码列项。

(四)措施项目工程清单项目设置

1.脚手架

脚手架工程量清单项目设置、项目特征描述的内容、计量单位、工程量计算规则应按 2013 版《计量规范》附录 D 中 D.1 即本书表 4-15 执行。

脚手架工程(编码 050401)　　　　　　　　　　　　　　　表 4-15

项目编码	项目名称	项目特征	计量单位	工程量计算规则	工作内容
050401001	砌筑脚手架	1.搭设方式 2.墙体高度	m²	按墙的长度乘墙的高度以面积计算(硬山建筑山墙高算至山尖)。独立砖石柱高度在 3.6m 以内时,以柱结构周长乘以柱高计算,独立砖石柱高度在 3.6m 以上时,以柱结构周长加 3.6m 乘以柱高计算凡砌筑高度在 1.5m 及以上的砌体,应计算脚手架	
050401002	抹灰脚手架	1.搭设方式 2.墙体高度	1.座 2.m²	按抹灰墙面的长度乘高度以面积计算(硬山建筑山墙高算至山尖)。独立砖石柱高度在 3.6m 以内时,以柱结构周长乘以柱高计算,独立砖石柱高度在 3.6m 以上时,以柱结构周长加 3.6m 乘以柱高计算	1.场内、场外材料搬运 2.搭、拆脚手架、斜道、上料平台 3.铺设安全网 4.拆除脚手架后材料分类堆放、保养
050401003	亭脚手架	1.搭设方式 2.檐口高度		1.以座计量,按设计图示数量计算 2.以平方米计量,按建筑面积计算	
050401004	满堂脚手架	1.搭设方式 2.施工面高度	m²	按搭设的地面主墙间尺寸以面积计算	
050401005	堆砌(塑)假山脚手架	1.搭设方式 2.假山高度		按外围水平投影最大矩形面积计算	
050401006	桥身脚手架	1.搭设方式 2.桥身高度		按桥基础底面至桥面平均高度乘以河道两侧宽度以面积计算	
050401007	斜道	斜道高度	座	按搭设数量计算	

2. 模板

模板工程量清单项目设置、项目特征描述的内容、计量单位、工程量计算规则应按 2013 版《计量规范》附录 D 的表 D.2 即本书表 4-16 执行。

模板工程(编码 050402)　　　　　　　　　　表 4-16

项目编码	项目名称	项目特征	计量单位	工程量计算规则	工作内容
050402001	现浇混凝土垫层	1. 模板材料种类 2. 支架材料种类	m²	按混凝土与模板接触面积计算	1. 制作 2. 安装 3. 拆除 4. 清理 5. 刷润滑剂 6. 材料运输
050402002	现浇混凝土路面				
050402003	现浇混凝土路牙、树池围牙				
050402004	现浇混凝土花架柱	1. 柱子直径 2. 柱子自然层高 3. 模板材料种类 4. 支架材料种类			
050402005	现浇混凝土花架梁	1. 梁断面尺寸 2. 梁底高度 3. 模板材料种类 4. 支架材料种类			
050402006	现浇混凝土花池	池壁断面尺寸			
050402007	现浇混凝土桌凳	1. 桌凳形状 2. 基础尺寸、埋设深度 3. 桌面尺寸、支墩高度 4. 凳面尺寸、支墩高度	1. m² 2. 个	1. 以平方米计量,按混凝土与模板接触面积计算 2. 以个计量,按设计图示数量计算	
050402008	石桥拱券石、石券脸胎架	1. 胎架面高度 2. 矢高、弦长	m²	按拱石、石脸弧形底面展开尺寸以面积计算	

3. 树木支撑架、草绳绕树干、搭设遮阴(防寒)棚

树木支撑架、草绳绕树干、搭设遮阴(防寒)棚工程量清单项目设置、项目特征描述的内容、计量单位、工程量计算规则应按 2013 版《计量规范》附录 D 中 D.3 即本书表 4-17 执行。

项目编码	项目名称	项目特征	计量单位	工程量计算规则	工作内容
050403001	树木支撑架	1.支撑类型、材质 2.支撑材料规格 3.单株支撑材料数量	株	按设计图示数量计算	1.制作 2.运输 3.安装 4.维护
050403002	草绳绕树干	1.胸径(干径) 2.草绳所绕树干高度			1.搬运 2.绕杆 3.余料清理 4.养护期后清除
050403003	搭设遮阴(防寒)棚	1.搭设高度 2.搭设材料种类、规格	m²	按遮阴(防寒)棚外围覆盖层的展开尺寸以面积计算	1.制作 2.运输 3.搭设、维护 4.养护期后清除

4.围堰、排水

围堰、排水工程量清单项目设置、项目特征描述的内容、计量单位、工程量计算规则应按 2013 版《计量规范》附录 D 中 D.4 即本书表 4-18 执行。

围堰、排水工程(编码 050404)　　　表 4-18

项目编码	项目名称	项目特征	计量单位	工程量计算规则	工作内容
050404001	围堰	1.围堰断面尺寸 2.围堰长度 3.围堰材料及灌装袋材料品种、规格	1. m³ 2. m	1.以立方米计量,按围堰断面面积乘以堤顶中心线长度以体积计算 2.以米计量,按围堰堤顶中心线长度以延长米计算	1.取土、装土 2.堆筑围堰 3.拆除、清理围堰 4.材料运输
050404002	排水	1.水泵种类及管径 2.水泵数量 3.排水长度	1. m³ 2. 天 3. 台班	1.以立方米计量,按需要排水量以体积计算,围堰排水按堰内水面面积乘以平均水深计算 2.以天计量,按需要排水日历天计算 3.以台班计量,按水泵排水工作台班计算	1.安装 2.使用、维护 3.拆除水泵 4.清理

5.安全文明施工及其他措施项目

安全文明施工及其他措施项目工程量清单项目设置、项目特征描述的内容、计量单位、工程量计算规则应按 2013 版《计量规范》附录 D 中 D.5 即本书表 4-19 执行。

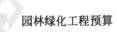

安全文明施工及其他措施项目(编码 050405)　　　　　　　表 4-19

项目编码	项目名称	工作内容及包含范围
050405001	安全文明施工	1.环境保护:现场施工机械设备降低噪声、防扰民措施;水泥、种植土和易飞扬细颗粒建筑材料密闭存放或采取覆盖措施等;工程防扬尘洒水;土石方、杂草、种植遗弃物及建渣外运车辆防护措施等;现场污染源的控制、生活垃圾清理外运、场地排水排污措施;其他环境保护措施 2.文明施工:"五牌一图";现场围挡的墙面梅花(包括内外粉刷、刷白、标语等)、压顶装饰;现场侧说便槽刷白、贴面砖,水泥砂浆地面或地砖,建筑物内临时便溺设备;其他施工现场临时设施的装饰装修、美化措施;现场生活卫生设施;符合卫生要求的饮水设备、淋浴、消毒等设施;生活用洁净燃料;防煤气中毒、防蚊虫叮咬等措施;施工现场操作场地的硬化;现场绿化、治安综合治理;现场配备医药保健器材、物品和急救人员培训;用于现场工人的防暑降温、电风扇、空调等设备及用电;其他文明施工措施 3.安全施工:安全资料、特殊作业专项方案的编制,安全施工标志的购置及安全宣传;"三宝"(安全帽、安全带、安全网)、"四口"(楼梯口、管井口、通道口、预留洞口)、"五临边"(园桥围边、驳岸围边、跌水围边、槽坑围边、卸料平台两侧),水平防护架、垂直防护架、外架封闭等防护;施工安全用电,包括配电箱三级配电、两级保护装置要求、外电防护措施;起重设备(含起重机、井架、门架)的安全防护措施(含警示标志)及卸料平台的临边防护、层间安全门、防护棚等设施;园林工地起重机械的检验检测;施工机具防护棚及其围栏的安全保护设施;施工安全防护通道;工人的安全防护用品、用具购置;消防设施与消防器材的配置;电气保护、安全照明设施;其他安全防护措施 4.临时设施:施工现场采用彩色、定型钢板、转、混凝土砌块等围挡的安砌、维修、拆除;施工现场临时建筑物、构筑物的搭设、维修、拆除,如临时宿舍、办公室、食堂、厨房、厕所、诊疗所、临时文化福利用房、临时仓库、加工场、搅拌台、临时简易水塔、水池等;施工现场临时设施的搭设、维修、拆除,如临时供水管道、临时供电管线、小型临时设施等;施工现场规定范围内临时简易道路铺设,临时排水沟、排水设施安砌、维修、拆除;其他临时设施搭设、维修、拆除
050405002	夜间施工	1.夜间固定照明灯具和临时可移动照明灯具的设置、拆除 2.夜间施工时施工现场交通标志、安全标牌、警示灯等的设置、移动、拆除 3.夜间照明设备及照明用电、施工人员夜班补助、夜间施工劳动效率降低等
050405003	非夜间施工照明	为保证工程施工正常进行,在如假山石洞等特殊部位施工时所采用的照明设备的安装、维护及照明用电等
050405004	二次搬运	由于施工场地条件限制而发生的材料、植物、成品、半成品等一次运输不能达到堆放地点,必须进行的二次或多次搬运
050405005	冬雨季施工	1.冬雨(风)季施工时增加的临时设施(防寒保温、防雨、防风设施)的搭设、拆除 2.冬雨(风)季施工时对植物、砌体、混凝土等采用的特殊加温、保温和养护措施 3.冬雨(风)季施工时施工现场的防滑处理,对影响施工的雨雪的清除 4.冬雨(风)季施工时增加的临时设施、施工人员的劳动保护用品、冬雨(风)季施工劳动效率降低等
050405006	反季节栽植影响措施	因反季节栽植在增加材料、人工、防护、养护、管理等方面采取的种植措施及保证成活率措施
050405007	地上、地下设施的临时保护设施	在工程施工过程中,对已建成的地上、地下设施和植物进行的遮盖、封闭、隔离等必要保护措施
050405008	已完工程及设备保护	对已完工程及设备采取得覆盖、包裹、封闭、隔离等必要的保护措施

注:本表所列项目应根据工程实际情况计算措施项目费用,须分摊的应合理计算摊销费用。

106

二 案例

【例 4-2】 如图 4-2 所示的某园林景观工程,栽植了 10 株高度 5m 以上,冠幅 5m 以上,胸径 8cm 以上的香樟,其中 3 株死亡需要进行砍伐,试根据计算规则,计算砍伐乔木清单工程量。

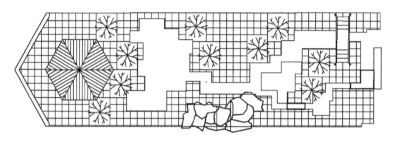

图 4-2 某园林景观植物栽植平面图

解: 依题意,列项算量见表 4-20。

砍伐乔木清单及清单工程量计算表

表 4-20

项目编码	项目名称	项目特征	计量单位	计算式
050101001001	砍伐乔木	树干高度:5m 以上 树干冠幅:5m 以上 树干胸径:8cm 以上	株	砍伐乔木清单工程量=3 株

107

【例 4-3】 图 4-3 为某园林工程绿地喷灌,试根据计算规则,计算绿地喷灌工程清单工程量。

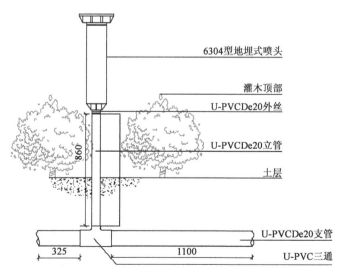

图 4-3 绿地喷灌地埋式散射喷头安装(尺寸单位:mm)

解: 依题意,列项算量见表 4-21。

第四章 园林绿化工程清单计价

Landscape Engineering Budget

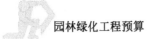

表 4-21

喷灌配件安装清单及清单工程量计算表

项目编码	项目名称	项目特征	计量单位	计算式
050103001001	喷灌管线安装	U-PVCDe20 立管 管道品种、规格 管件品种、规格 管道固定方式 防护材料种类 油漆品种、刷漆遍数	m	U-PVCDe20 立管清单工程量:0.86
050103001002	喷灌管线安装	U-PVCDe20 支管 管道品种、规格 管件品种、规格 管道固定方式 防护材料种类 油漆品种、刷漆遍数	m	U-PVCDe20 支管清单工程量:0.325+1.1=1.425
050103002001	喷灌配件安装	6304 型地埋式喷头 管道附件、阀门、喷头品种、规格 管道附件、阀门、喷头固定方式 防护材料种类 油漆品种、刷漆遍数	个	6304 型地埋式喷头清单工程量:1
050103002002	喷灌配件安装	U-PVCDe20 外丝 管道附件、阀门、喷头品种、规格 管道附件、阀门、喷头固定方式 防护材料种类 油漆品种、刷漆遍数	个	U-PVCDe20 外丝清单工程量:1
050103002003	喷灌配件安装	U-PVC 三通 管道附件、阀门、喷头品种、规格 管道附件、阀门、喷头固定方式 防护材料种类 油漆品种、刷漆遍数	个	U-PVC 三通清单工程量:1

108

【例 4-4】 图 4-4 为某驳岸、护岸工程,有粒径 150～250mm 的自然色卵石 0.85t、100mm 厚粒径 60～80mm 的自然色卵石 1.2t 和 1.1t 自然石,试根据计算规则,计算驳岸、护岸清单工程量。

解:依题意,列项算量见表 4-22。

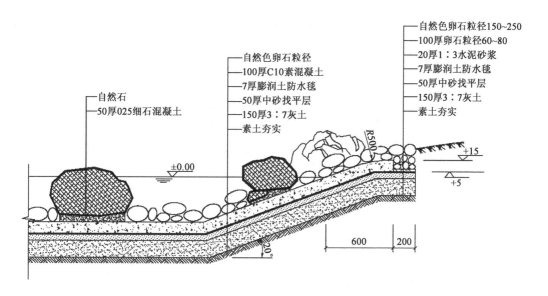

图 4-4　点(散)布大卵石驳岸做法(尺寸单位:mm)

点(散)布大卵石清单及清单工程量计算表　　　　　　　表 4-22

项目编码	项目名称	项目特征	计量单位	计算式
050202004	点(散)布大卵石	1. 大卵石粒径:粒径 150～250mm 的自然色卵石 0.85t、100 厚粒径 60～80mm 的自然色卵石 1.2t 和 1.1t 自然石 2. 数量	t	粒径 150～250mm 自然色卵石清单工程量=0.85t 粒径 60～80mm 自然色卵石清单工程量=1.2t 自然石清单工程量=1.1t

【例 4-5】　图 4-5 为某风景区工程,有 22.5t 的天然景石点置,试根据计算规则,计算点风景石清单工程量。

解:依题意,列项算量见表 4-23。

点风景石清单及清单工程量计算表　　　　　　　表 4-23

项目编码	项目名称	项目特征	计量单位	计算式
050301005001	点风景石	1. 石料种类:22.5t 的天然景石 2. 石料规格、重量 3. 砂浆配合比	t	点风景石清单工程量=22.5t

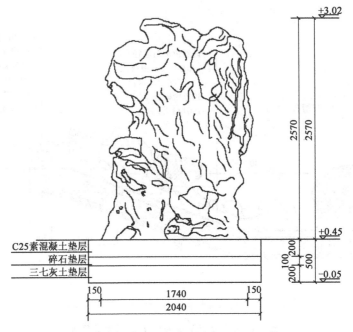

图 4-5 景石立面图(尺寸单位:mm,标高单位:m)

第三节　工程量清单计价方法

一 综合单价

单位工程费由分部分项工程费、措施项目费、规费项目费和税金项目费组成。

2013 版《计价规范》3.1.4 条明确规定"工程量清单应采用综合单价计价"。

(一)综合单价的含义

综合单价是指完成一个规定计量单位的分部分项工程量清单项目或单价措施清单项目所需的人工费、材料费、施工机械使用费、企业管理费和利润,以及一定范围内的风险费用。

综合单价计价是有别于现行定额工料单价法计价的另一种项目单价计价方式,它应包括完成一个规定计量单位的合格产品所需的全部费用,组价涉及的内容很广,包含建筑、装饰、园林、市政、设备等工程内容。

综合单价不但适用于分部分项工程计价,也适用于措施项目计价、其他项目计价。企业根据自身的技术水平、材料的供应渠道及期望的利润值、市场的风险来编制综合单价,它是工程量清单计价的核心,是投标人能否中标的关键,是投标人中标后盈亏的衡量值,是投标企业整体实力的真实体现。

(二)综合单价的组成

综合单价是由一个规定计量单位工程所需的人工费、材料费、机械使用费、管理费、利润、风险费用组成的。根据我国的实际情况,综合单价包括除规费、税金以外的全部费用,即综合单价除含有实体成本以外,还包含了企业的管理费用、所获得的利润以及承担工程风险应考虑的费用。根据《计价规范》中的计算规则计算出来的工程量与实际施工量之差所包含的价值也摊入了综合单价内。

(三)综合单价的组价依据

1. 工程量清单

工程量清单中全面提供了相应清单项目所包含的特征,它是组价的内容。

2. 投标文件

投标文件对组价内容进行了明确规定,比如是否有业主供应材料等,如有应在综合单价中扣减。

3. 企业定额

企业定额是企业自主报价的主要依据,也是企业施工管理和施工技术水平的具体体现。

4. 现行园林绿化工程消耗量定额

在企业定额还未普遍形成之前,现行园林绿化工程消耗量定额的人工、材料、机械耗用量对组价具有很高的参考价值。

5. 施工组织设计及施工方案

施工单位制定的工程总进度计划、施工方案的选择、施工机械和劳动力的配备情况,对组价都有较大的影响,是清单组价的必备条件。

6. 已往的报价资料

已往的报价资料可以作为组价的重要参考,施工单位能够根据以往报价和中标情况对新工程报价做适当的调整,有利于投标成功。

7. 人工单价、现行材料、机械台班价格信息

人工单价、现行材料、机械台班价格信息都是综合单价组价的基础,询价工作是清单组价的一个不可缺少的环节。

(四)综合单价的组价程序

(1)根据清单项目内容拆分清单项目。

(2)确定工程内容所对应的计价工程量。计价工程量计算可参考各省、市、自治区定额主管部门颁发的《园林绿化工程消耗量定额》中的计算规则、说明及附注。

(3)确定人工、材料、机械价格。

(4)选择并套用企业定额或园林绿化工程消耗量定额。

(5)计算清单项目的综合单价。

(五)综合单价的组价方法

选套组价定额项目的人工、材料、机械台班消耗量,其中人工、材料、机械台班的单价为市场价,计算组价项目的人工费、材料费、机械费。这种方法是企业在暂无企业定额的情况下,参照各地区、各部门消耗量定额中人、料、机耗用量进行综合单价分析的方法。

1. 计算综合单价中的人工费

综合单价中人工费＝(清单项目组价内容工程量×企业定额人工消耗量指标×

人工工日单价)÷清单项目工程数量 (4-3)

目前绝大多数企业都没有具备完善适用的企业定额,综合单价的形成除了参照消耗量定额以外没有可依据的标准,故大多数企业仍参照消耗量定额进行报价,所以,综合单价中人工费的计算公式如下:

综合单价中人工费＝∑[(清单项目组价内容工程量/清单项目工程数量)×

消耗量定额人工含量×人工单价] (4-4)

2. 计算综合单价中的材料费

综合单价材料费＝∑[(清单项目组价内容工程量/清单项目工程数量)×

消耗量定额材料含量×材料单价] (4-5)

3. 计算综合单价中的机械费

综合单价机械费＝∑[(清单项目组价内容工程量/清单项目工程数量)×

消耗量定额机械含量×机械台班单价] (4-6)

注意:清单项目组价内容工程量是指按施工方案计算出的分部分项工程的数量,也称计价工程量。

4. 计算管理费

(1)以直接费为计费基础

$$管理费 = 直接费 × 管理费费率 \quad (4-7)$$

(2)以人工费与机械费之和为计费基础

$$管理费 = ∑(人工费 + 机械费) × 管理费费率 \quad (4-8)$$

(3)以人工费为计费基础

$$管理费 = ∑ 人工费 × 管理费费率 \quad (4-9)$$

5. 计算利润

(1)以直接费为计费基础

$$利润 = 直接费 × 利润率 \quad (4-10)$$

(2)以人工费与机械费之和为计费基础

$$利润 = ∑(人工费 + 机械费) × 利润率 \quad (4-11)$$

(3)以人工费为计费基础

$$利润 = ∑ 人工费 × 利润率 \quad (4-12)$$

6. 考虑风险因素并计算

风险因素按一定的原理,采取风险系数来反映,即

$$风险费用 = (人工费 + 材料费 + 机械费 + 管理费 + 利润) × 风险系数 \quad (4-13)$$

7. 计算综合单价

清单项目综合单价 = (人工费 + 材料费 + 机械费 + 管理费 + 利润) × (1 + 风险系数)

(4-14)

(六)综合单价的组价案例

大多数企业都是参照本省的消耗量定额完成综合单价组价的,由于《计价规范》与消耗量定额之间可能产生计算规则、计量单位、工程实体项目内容的差异,使综合单价的组价增加了复杂性和多样性。以编制招标控制价为例,参照消耗量定额介绍三种常用的组价方法:直接套用定额组价、套用定额合并组价和重新计算工程量组价。

1.直接套用定额组价

当《计价规范》的工程内容、计量单位及工程量计算规则与《园林绿化工程消耗量定额》一致,只与一个定额项目相对应时,清单项目综合单价直接套用定额的人工、材料、机械用量,再与当时当地的人工、材料、机械单价相乘得到清单项目基价,以此为基础计取管理费、利润和风险费最终得到综合单价,其计算公式如下:

$$清单项目综合单价 = (定额人工消耗量 \times 人工单价 + \sum 定额材料消耗量 \times 材料单价 +$$

$$\sum 定额机械消耗量 \times 机械单价) + 管理费 + 利润 + 风险费$$

$$= 清单组价项目基价 \times (1 + 管理费率 + 利润率 + 风险系数) \quad (4\text{-}15)$$

其中: $$管理费 = 清单组价项目基价 \times 管理费率 \quad (4\text{-}16)$$

$$利润 = 清单组价项目基价 \times 管理费率 \quad (4\text{-}17)$$

注意:公式中的人工单价、材料单价、机械单价皆为市场价。

【例 4-6】 某工程堆砌湖石假山高 2m 以内,以××省 2009 年《园林绿化工程消耗量定额及统一基价表》为例,见表 4-24,假设各材料的市场价与定额取定价相同,普工单价为 60 元/工日,技工单价为 92 元/工日,管理费费率为 20.00%,利润率为 5.35%,试确定该清单项目的综合单价。

解: 堆砌石假山清单编码为 050301002001,根据××省 2009 年《园林绿化工程消耗量定额及统一基价表》,假设其清单项目内容,材、机市场价与消耗量定额相同,人工为普工:60 元/工日,技工:92 元/工日,综合单价计算如下:

①查定额 E3-2(高度 2m 以内)的基价为 455.20 元/t。

②清单项目人、料、机合价=455.20+(60-42)×0.505+(92-48)×5.105=688.91(元/t)

③综合单价=688.91×(1+20.00%+5.35%)

$$\qquad = 863.55(元/t)$$

2.套用定额,合并组价

当 2013 版《计价规范》的计量单位及工程量计算规则与《园林绿化工程消耗量定额》一致,工程内容不一致时,需要几个定额项目组成。

$$清单项目综合单价 = \sum[清单组价项目基价 \times (1 + 管理费率 + 利润率 + 风险系数)]$$

$$(4\text{-}18)$$

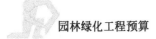

堆砌假山及其他山石

表 4-24

工作内容:放样、选石、运石、调制运混凝土(砂浆),堆砌、塞垫嵌缝、清理、养护。

单位:t

定额编号				E3-1	E3-2	E3-3	E3-4
项目				湖石假山			
				高度(m 以内)			
				1	2	3	4
基价				361.64	455.20	603.66	711.01
其中	人工费(元)			208.82	266.25	365.44	417.65
	材料费(元)			151.33	187.02	236.29	291.16
	机械费(元)			1.49	1.93	1.93	2.20
名　称		单位	单价/元	数　量			
人工	普工	工日	42.00	0.396	0.505	0.693	0.792
	技工	工日	48.00	4.004	5.105	7.007	8.008
材料	湖石	T	126.00	1.000	1.000	1.000	1.000
	现浇混凝土 C15 碎石 15	m³	188.92	0.060	0.080	0.080	0.100
	水泥砂浆 1:2.5	m³	226.66	0.040	0.050	0.050	0.050
	铁件	kg	5.50	—	5.000	10.000	15.000
	毛竹	根	13.63	—	0.130	0.180	0.260
	条石 100mm×40mm×12mm	m³	435.39	—	—	0.050	0.100
	毛石、弹石片、二片石	T	30.00	0.100	0.100	0.060	0.060
	零星材料费	元	—	1.93	2.30	2.82	3.56
机械	灰浆搅拌机 200L	台班	86.57	0.008	0.010	0.010	0.010
	滚筒式混凝土搅拌机 400L	台班	133.08	0.006	0.008	0.008	0.010

注:1. 如无条石时,可采用钢筋混凝土代用,数量与条石体积相同。

　　2. 铁件用量不同时,可进行调整。

【例 4-7】 已知水池景观工程施工,以××省 2009 年《园林绿化工程消耗量定额及统一基价表》为例,管理费费率为 20.00%,利润率为 5.35%,试计算其综合单价。

解:根据《计价规范》的特征描述,该清单项目与××省《定额》的两个分项工程相对应组价,查出该分项工程的人工、材料、机械消耗量,并参考当时某月的信息价,计算出水池景观工程清单项目组价的人工费、材料费、施工机具使用费,见表 4-25、表 4-26,综合单价计算见表 4-27,综合单价分析见表 4-28。

水池混凝土水池池底清单组价项目人材机费 表 4-25

工作内容:混凝土砂浆搅拌、调制、运输、砌筑、浇捣、养护等。 单位:m³

定额编号	E3-96				
项目名称	水池砖砌池壁				
人工、材料、机械名称、规格及单位	人工		材料			机械
	普工(工日)	技工(工日)	标准砖 240mm×115mm×53mm(块)	水泥混合砂浆 M7.5(m³)	零星材料费(元)	灰浆搅拌机 200L(台班)
人工、材料、机械定额消耗量	0.276	1.104	510	0.26	1	0.052
人工、材料、机械市场价(元)	60	92	0.27	240.76	1	110.4
人工、材料、机械费用小计(元/100m²)	118.13		137.7	62.6	1	5.74
			201.3			5.74

水池池底铺卵石坐浆清单组价项目人材机费 表 4-26

工作内容:放样、选石、修石、运料、调制砂浆、搭拆脚手架、砌(铺)石、场内运输、清理现场。

单位:100m²

定额编号	E3-97				
项目名称	水池池底铺卵石坐浆				
人工、材料、机械名称、规格及单位	人工		材料			
	普工(工日)	技工(工日)	卵石 20～200mm(m³)	水泥砂浆 1:2.5(m³)	零星材料费(元)	灰浆搅拌机 200L(台班)
人工、材料、机械定额消耗量	0.17	0.68	1.02	0.05	0.68	0.01
人工、材料、机械市场价(元)	60	92	187.82	351.02	1	110.4
人工、材料、机械费用小计(元/100m²)	72.76		191.58	17.55	0.68	1.104
			210.91			

分部分项工程综合单价计算表(单位:m²) 表 4-27

序号	费用项目	计算方法	计算式	金额(元)
1	人工费	Σ(人工费)	118.13+72.76(元/100m²)	1.91
2	材料费	Σ(材料费)	201.3+210.91(元/100m²)	4.12
3	施工机具使用费	Σ(施工机具使用费)	5.74+0(元/100m²)	0.06
4	企业管理费	(1+3)×费率	(1.91+0.06)×20.00%	0.39
5	利润	(1+3)×费率	(1.91+0.06)×5.35%	0.11
6	风险因素	按招标文件或约定	0	0
7	综合单价	1+2+3+4+5+6	1.91+4.12+0.06+0.39+0.11+0	6.59

综 合 单 价 分 析 表

表 4-28

工程名称：

| 项目编码 | 050307020001 | 项目名称 | 柔性水池 | 计量单位 | m² | 工程量 | | |

清单综合单价组成明细

定额编号	定额项目名称	定额单位	数量比例	单价				合价			
				人工费	材料费	机械费	管理费和利润	人工费	材料费	机械费	管理费和利润
E3-90	水池:混凝土水池池底	100m²	0.01	118.13	201.3	5.74	31.40	1.18	2.013	0.06	0.31
E3-97	水池:池底铺卵石座浆	100m²	0.01	72.76	210.91	0	18.44	0.73	2.11	0	0.19
人工单价			小计					1.91	4.12	0.06	0.5
高级技工 138 元/工日;技工 92 元/工日;普工 60 元/工日			未计价材料费						0		
			清单项目综合单价					6.59			

3. 重新计算工程量组价

当《计价规范》的工程内容、计量单位及工程量计算规则与计价定额不一致时，其计算公式为：

$$清单项目综合单价 = (综合单价人工费 + 综合单价材料费 + 综合单价机械费 +$$

$$管理费 + 利润) \times (1 + 风险系数) \tag{4-19}$$

或

$$综合单价 = (清单组价项目合价 + 管理费 + 利润 + 风险费)/清单工程量 \tag{4-20}$$

【例 4-8】 如图 4-6 所示，某园路工程的清单工程量为 5.4m²，计价工程量计算见表 4-29，以××地区 2009 年《园林绿化工程消耗量定额及统一基价表》为例，见表 4-30～表 4-32，假定各材料、机械的市场单价与定额取定价相同，管理费费率为 20.00%，利润率为 5.35%，试确定该清单项目的综合单价。

园路工程量列表 　　　　　　　　　　　　　　　　表 4-29

序号	分项工程名称	单　位	工　程　量	计　算　式
1	面层：卵石铺面（平铺）	m²	2.4	$S = 0.8 \times 3$
2	青石板铺面	m²	3	$S = 1 \times 3$
3	垫层：80 厚 C15 混凝土	m³	0.22	$V = (0.8 + 0.1) \times 3 \times 0.8$
4	100 厚碎石（灌浆）	m³	0.27	$V = 0.1 \times (0.8 + 0.1) \times 3$
5	素土夯实（园路土基整理路床）	m²	2.7	$S = (0.8 + 0.1) \times 3$

117

园　路、地面 　　　　　　　　　　　　　　　　表 4-30

工作内容：厚度 30cm 内挖填土，夯实，整形，弃土 2m 以外。　　　　　　单位：10m²

定额编号			E2-1
项目			园路土基整理路床
基价			21.06
其中	人工费（元）		21.06
	材料费（元）		—
	机械费（元）		—

名　称		单位	单价（元）	数量
人工	普工	工日	42.00	0.090
	技工	工日	48.00	0.360

117

Landscape Engineering Budget

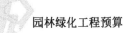

垫　层　　　　　　　　　　　　　表 4-31

工作内容：1. 筛土、浇水、拌和、铺设、找平、夯实；
　　　　　　2. 混凝土搅拌、铺设、振捣、养护。　　　　　　　　　　　单位：m³

定额编号			E2-6	E2-7	E2-11	E2-12
项目			碎石		毛石混凝土	混凝土
			干铺	灌浆		
基价			124.10	169.05	241.79	269.85
其中	人工费(元)		39.78	48.20	66.92	72.07
	材料费(元)		77.90	73.74	150.83	171.54
	机械费(元)		6.42	47.11	24.04	26.24
名　称	单位	单价(元)	数　　量			
人工	普工	工日	42.00	0.170	0.206	0.286	0.308
	技工	工日	48.00	0.680	0.824	1.144	1.232
材料	现浇混凝土 C10 碎石 40	m³	164.03	—	—	0.870	1.020
	碎(砾)石	m³	55.00	1.100	1.100	—	—
	中(粗)砂	m³	60.00	0.290	—	—	—
	生石灰	kg	0.17	—	49.000	—	—
	黏土	m³	26.72	—	0.160	—	—
	水	m³	2.12	—	0.300	—	0.500
	毛石	m³	45.14	—	—	0.180	—
	施工板枋材	m³	1550.00	—	—	—	0.002
	铁钉	kg	6.92	—	—	—	0.010
机械	电动夯实机 20～62N·M	台班	24.70	0.260	0.260	—	—
	灰浆搅拌机 200L	台班	86.57	—	0.47	—	—
	混凝土振捣器平板式	台班	14.25	—	—	0.790	0.790
	滚筒式混凝土搅拌机 500L	台班	146.93	—	—	0.087	0.102

　　解：园路(卵石铺面)的清单编码为 050201001001，按图示尺寸以平方米计算，根据××地区 2009 年《园林绿化工程消耗量定额及统一基价表》，其清单项目内容是由四个消耗量定额中的子项目组成，综合单价计算如下：

　　该清单项目需套用四个定额子目：E2-1、E2-7、E2-12、E2-52，E2-1 基价为 21.06 元/10m²，E2-7 基价为 169.05 元/m³，E2-12 基价为 269.85 元/m³，E2-52 基价为 1125.27 元/10m²，故：

清单项目人、材、机合价$=21.06\times2.7+169.05\times0.27+269.85\times0.22+2.4\times1125.27=380.91$(元)

综合单价$=380.91\div5.4\times(1+20.00\%+5.35\%)=88.42$(元/m²)

园 路 、地 面

表 4-32

工作内容:洗石子、摆石子、灌浆、清水冲刷等。

单位:10m²

定额编号				E2-52	E2-53
项目				\multicolumn{2}{c}{卵石铺地}
				\multicolumn{2}{c}{满铺、拼花}
				平铺	栽铺
基价				1125.27	1349.13
其中	人工费(元)			982.80	1179.36
	材料费(元)			139.70	166.39
	机械费(元)			2.77	3.38
名称		单位	单价(元)	\multicolumn{2}{c}{数量}
人工	普工	工日	42.00	4.200	5.040
	技工	工日	48.00	16.800	20.160
材料	杂色卵石	t	41.56	0.550	0.660
	彩色卵石	t	200.00	0.170	0.200
	水泥砂浆 1:2.5	m³	226.66	0.360	0.430
	零星材料费	元	—	1.25	1.50
机械	灰浆搅拌机 200L	台班	86.57	0.032	0.039

119

 单位工程费

单位工程费由分部分项工程费、措施项目费、其他项目费、规费项目费、税金项目费组成。

(一)分部分项工程清单项目计价

1.定义

分部分项工程费是指构成工程实体的费用,按照清单项目工程量乘以综合单价计算。

2.计算公式

分部分项工程费=工程量清单中清单项目工程量×分部分项工程综合单价 　　　　(4-21)

3.填写分部分项工程清单计价表

按清单报价要求,投标方必须提供分部分项综合单价分析表、分部分项工程计价表等,详见第二章。

(二)措施项目清单计价

措施项目计价在编制招标控制价、投标报价中要求不尽相同。

1.两者相同之处

(1)单价措施项目计价

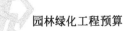

分部分项工程和措施项目中的单价项目,应根据拟定的招标文件和招标工程量清单项目中的特征描述及有关要求确定综合单价的计算。

(2)总价措施项目计价

总计措施项目应根据拟定的招标文件和常规施工方案按照规范的规定计价,详见案例。

2.两者不同之处

(1)招标控制价的措施项目计价根据常规施工方法确定

招标人在编制投标控制价中的措施项目时可根据通用的措施项目和常规的施工方法进行编制,不必考虑不同投标人的"个性"。

(2)投标报价的措施项目计价根据企业实力自主报价

投标人应根据招标文件中的措施项目清单及投标时拟定的施工组织设计或施工方案,按不同报价方式自主报价。由于各投标人拥有的施工设备、技术水平和采用的施工方法有所差异,因此投标人投标时可以对招标人所列的措施项目进行增补。具体做法是:投标人投标时应根据自身条件编制的施工组织设计或施工方案确定措施项目,对招标人提供的措施项目进行调整,但投标人在投标文件中编写的施工组织设计或施工方案调整和确定的措施项目应通过评标委员会的评审。

(三)其他项目计价

1.含义

其他项目费是工程中必然发生或可能发生的一些费用,由于这些费用不能根据发包人提供的图纸在招投标过程中准确确定,而是在工程施工中动态地确定,因此这些费用是发包人在招标文件中考虑各方面的因素暂时估计的,由暂列金额,材料、设备暂估价、专业暂估价、计日工和总包服务费组成。在编制招标控制价、投标报价、竣工结算时,计算其他项目费的要求不同。

2.其他项目费计算

(1)暂列金额

暂列金额因不可避免的价格调整而设立,但并不是列入合同价格的暂列金额都属于中标人所有。只有按合同约定程序实际发生后,才能成为中标人的应得金额,纳入合同结算价款,剩余余额仍属于招标人所有。

①编招标控制价时确定暂列金额

暂列金额可根据工程的复杂程度、设计深度、工程环境条件等特点进行估算,按有关计价规定进行估算确定,一般按分部分项工程费的 10%～15% 作为参考。

②编制投标价时确定暂列金额

暂列金额应按照招标工程量清单中列出的金额填写,不得变动。

③编制竣工结算价时确定暂列金额

合同价款中的暂列金额在用于各项价款调整、索赔与现场签证后,若有余额,则余额归发包人,若出现差额,则由发包人补足并反映在相应项目的工程价款中。

(2)暂估价

材料、工程设备单价应按招标工程量清单中列出的单价计入综合单价。

材料暂估价是指甲方列出暂估的材料单价及使用范围,乙方按照此价格来进行组价,并计入相应清单的综合单价中,其他项目合计中不包含,只是列项。

专业工程暂估价是按项列支的,一般为综合暂估价,包括除规费、税金以外的管理费、利润等。如塑钢门窗、玻璃幕墙、防水等,价格中包含除规费、税金外的所有费用,此费用计入其他项目合计中。

①编招标控制价时确定暂估价

材料暂估价应按工程造价管理机构发布的工程造价信息中的材料单价计算,工程造价信息未发布的材料单价,其单价参考市场价格估算。

专业工程暂估价应分不同的专业,按有关计价规定进行估算。

②编制编投标价时确定暂估价

暂估价不得变动和更改。暂估价中的材料必须按照招标工程量清单中暂估单价计入相应清单的综合单价中;专业工程暂估价必须按照其他项目清单中列出的金额填写。

③编制竣工结算价时确定暂估价

a.若暂估价中的材料是招标采购的,其材料单价按中标价在综合单价中调整。若为非招标采购,其单价按发、承包双方最终确认的材料单价在综合单价中调整。

b.若暂估价中的专业工程是招标分包的,其专业工程分包费按中标价计算。若为非招标分包的,其分包费按发、承包双方与分包人最终结算确认的金额计算。

(3)计日工

在施工过程中,完成发包人提出的施工图纸以外的零星项目或工作,按合同中约定的综合单价计价。

计日工项目费 = 人工费合价 + 材料费合价 + 机械费合价

$$= \sum(人工综合单价 \times 数量) + \sum(材料综合单价 \times 数量) +$$

$$\sum(机械综合单价 \times 数量) \tag{4-22}$$

①编招标控制价时确定计日工

计日工包括人工、材料和施工机械。人工单价和机械台班单价应按省级、行业建设主管部门或其授权的工程造价管理机构公布的单价计算;材料应按工程造价管理机构发布的材料单价计算,未发布材料单价的材料,其价格应按市场调查确定的单价计算。计日工表中一定要给出暂定数量,并且需要根据经验,尽可能估算一个比较贴近实际的数量。

②编制编投标价时确定计日工

计日工应按照其他项目清单列出的项目和估算的数量,自主确定各项综合单价并计算费用。

③编制竣工结算价时确定计日工

计日工的费用应按发包人实际签证确认的数量和合同约定的相应项目综合单价计算。

(4)总承包服务费

是指总承包人为配合协调发包人进行的工程分包,自行采购的设备、材料管理以及施工现场管理、竣工资料汇总整理等服务所需的费用。

①编招标控制价时确定总承包服务费

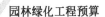园林绿化工程预算

发包人必须在招标文件中说明总包的范围以减少后期不必要的纠纷,规范中列出的参考计算标准如下。

a.招标人仅要求对分包的专业工程进行总承包管理和协调时,按分包的专业工程估算造价的1.5%计算。

b.招标人要求对分包的专业工程进行总承包管理和协调并同时要求提供配合服务时,根据招标文件中列出的配合服务内容和提出的要求按分包的专业工程估算造价的3%~5%计算。

c.招标人自行供应材料的,按招标人供应材料价值的1%计算。

②编制投标价时确定总承包服务费

总承包服务费应依据招标人在招标文件中列出的分包专业工程内容和供应材料、设备情况,按照招标人提出的协调、配合与服务要求和施工现场管理需要自主确定。

③编制竣工结算价时确定总承包服务费

总承包服务费应依据合同约定的金额计算,发、承包双方依据合同约定对总承包服务费进行了调整的,应按调整后的金额计算。

(四)规费项目计价

按招国家和建设主管部门发布的规费计取办法、标准、公式和规定的费率计取。详见第二章。

计算公式

$$规费 = (分部分项工程费 + 措施项目费 + 其他项目费) \times 规费费率 \quad (4-23)$$

(五)税金项目计价

根据各省市、地区税务部门规定的税率,以不同省市、不同地区的建筑装饰装修工程不含税造价为基数计取。税金与分部分项工程费、措施项目费及其他项目费不同,属于"转嫁税",具有法定性和强制性,由工程承包人必须及时足额交纳给工程所在地的税务部门。详见第二章。

计算公式:

$$税金 = (分部分项工程费 + 措施项目费 + 其他项目费 + 规费) \times 综合税率 \quad (4-24)$$

三 单项工程费

单项工程费分为单位工程招标控制价和单位工程投标报价两种,前者由发包人编制,后者由承包人编制,单项工程费根据工程具体情况由一个或几个单位工程费汇总而来。

四 工程项目费

工程项目费分为单项工程招标控制价和单项工程投标报价,前者由发包人编制,后者由承包人编制,工程项目费根据工程具体情况由一个或几个单项工程费汇总而来。

1.综合单价中材料费的计算公式是(   )。

　　A.∑(清单项目组价内容工程量÷清单项目工程数量×消耗量定额材料含量×材料单价)

　　B.∑消耗量定额材料含量×材料单价

　　C.∑清单项目工程数量×消耗量定额材料含量×材料单价

　　D.∑清单项目组价内容工程量×消耗量定额材料含量×材料单价

2.综合单价的特性有(   )。

　　A.固定性　　　　　　B.可变性　　　　　　C.综合性　　　　　　D.依存性

3.综合单价根据分项工程的项目特征、组成内容组价,有以下几种(   )。

　　A.展开面积　　　　　　　　　　B.直接套用定额组价

　　C.组合定额项目　　　　　　　　D.重新计算

4.清单计价体系下不属于工程造价组成部分的是(   )。

　　A.分部分项工程费　　　　　　　B.措施项目费

　　C.规费　　　　　　　　　　　　D.利润

　　E.税金

5.暂估价的费用包括在(   )项目中。

　　A.材料价　　　　　　　　　　　B.综合单价

　　C.其他项目合计　　　　　　　　D.暂列金额

　　E.直接费

◀ 复习思考题 ▶

1.园林绿化工程清单项目设置须注意什么?

2.园路工程清单项目设置须注意什么?

3.园桥工程清单项目设置须注意什么?

4.路牙工程有哪些项目特征?

5.绿篱清单工程量计算规则是什么?

6.什么是综合单价? 综合单价的组成是什么?

7.清单计价模式下工程造价由哪几部分组成?

8.已知某市区有一景观工程,分部分项工程费为432万元,单价措施费为12.48万元,试根据本地区费用定额计算清单计价模式下该工程含税工程总造价。若条件与本地区定额有差异,自行修改。

第五章
园林绿化工程案例指导

【知识要点】

1. 典型园林绿化工程案例计量。

2. 典型园林绿化工程案例计价。

【学习要求】

1. 了解计量计价程序。

2. 熟悉定额和清单计价的方法及相关规范。

3. 掌握园林绿化工程项目的计量计价实际操作。

　　根据前面章节所学习的基本知识,本章节的任务是以常见的绿化、景观小品为例,运用园林绿化工程预算的相关知识点,指导列项、计算各工程的清单工程量和定额工程量。需要说明的是,工程量清单"计价规范"和"计量规范"全国统一,识图计量在列项相同的情况下计算结果应该是一致的,但计价工程量的计算由于各省定额计算规则上的不同会有些差异,可能会产生不同的结果。本章以××省的定额计算规则为例,不同之处以本省定额为准。本章最后一个案例附有一张综合单价分析表供学生参考学习,其余各案例的综合单价分析,学生可以根据本省定额自行计算。

第一节　绿　化　工　程

一　识图列项

由图 5-1 识图可知绿化项目清单列项如下:

(1)整理绿化用地,清单编码 050101010001。

(2)栽植绦柳,清单编码 050102001001。

(3)栽植云杉,清单编码 050102001002。

(4)栽植青杆,清单编码 050102001002。

（5）栽植红瑞木，清单编码050102002001。

（6）栽植黄杨球，清单编码050102002002。

（7）栽植月季，清单编码050102008001。

（8）栽植迎春，清单编码050102008002。

（9）栽植金焰绣线菊，清单编码050102008002。

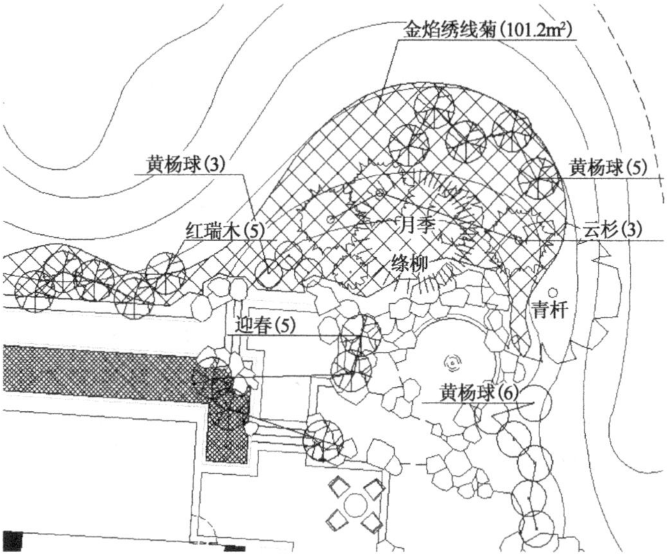

图5-1　植物配置平面图

二 计算清单工程量

清单工程量计算方法：(1)按图示植物配置(图5-2)列项计算；(2) CAD量取。

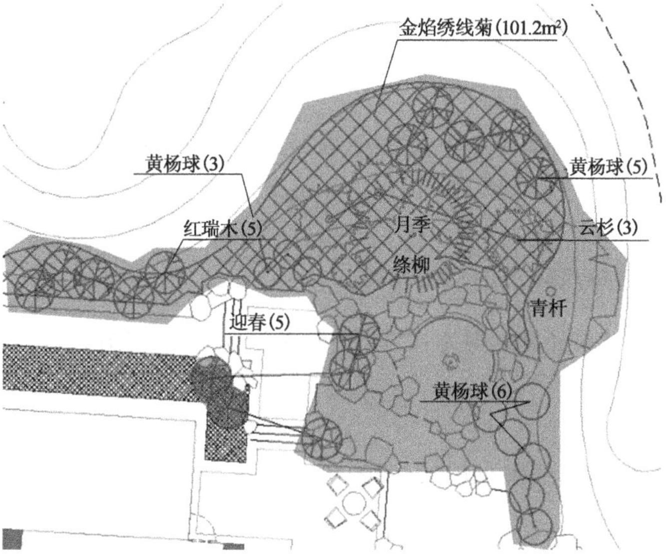

图5-2　绿地整理清单计算范围图

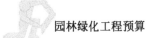

(一)整理绿化用地,清单编码 050101010001

绿地整理工程量清单计算规则为:按设计图示尺寸以面积计算(图 5-2),则

$$S = 270.97(\text{m}^2)$$

(二)栽植绦柳,清单编码 050102001001

栽植绦柳工程量清单计算规则为:以株计量,按设计图数量(图 5-3)计算,则

$$Q = 2(\text{株})$$

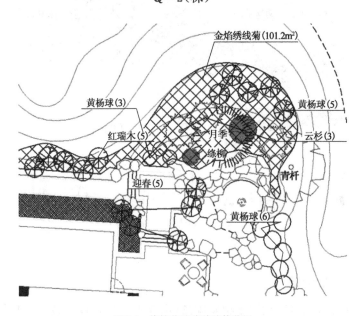

图 5-3　绦柳栽植清单计算范围

(三)栽植云杉,清单编码 050102001002

栽植云杉工程量清单计算规则为:以株计量,按设计图数量(图 5-4)计算,则

$$Q = 3(\text{株})$$

(四)栽植青杆,清单编码 050102001003

栽植青杆工程量清单计算规则为:以株计量,按设计图数量(图 5-5)计算,则

$$Q = 1(\text{株})$$

(五)栽植红瑞木,清单编码 050102002001

栽植红瑞木工程量清单计算规则为:以株计量,按设计图数量(图 5-6)计算,则

$$Q = 5 \, (\text{株})$$

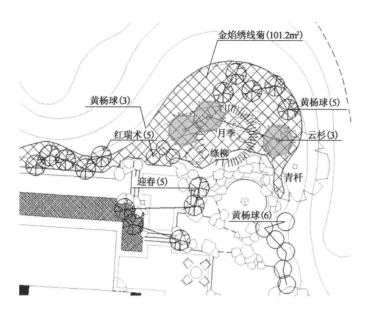

图 5-4　云杉栽植清单计算范围

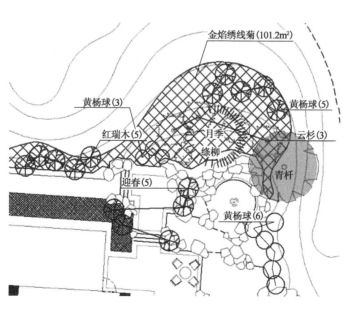

图 5-5　青杆栽植清单计算范围

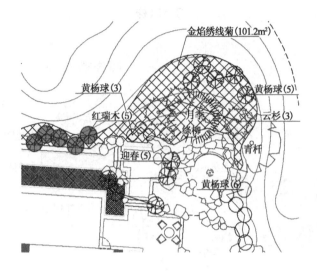

图 5-6   红瑞木栽植清单计算范围

(六)栽植黄杨球,清单编码 050102002002

栽植黄杨球工程量清单计算规则为:以株计量,按设计图数量(图 5-7)计算,则

$$Q=14(株)$$

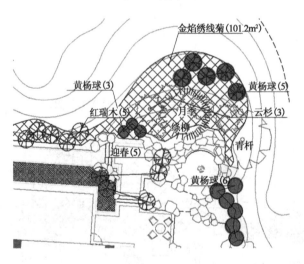

图 5-7   黄杨球栽植清单计算范围

(七)栽植月季,清单编码 050102008001

栽植月季工程量清单计算规则为:以平方米计量,按设计图示尺寸(图 5-8)以水平投影面积计算,则

$$S=15.8(m^2)$$

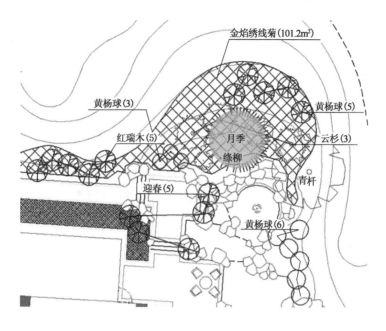

图 5-8　月季栽植清单计算范围

(八)栽植迎春,清单编码 050102008002

栽植迎春工程量清单计算规则为:以株计量,按设计图数量(图 5-9)计算,则

$$Q = 5(株)$$

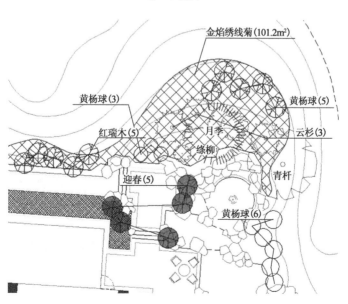

图 5-9　迎春栽植清单计算范围

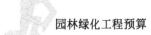
(九)栽植金焰绣线菊,清单编码 050102008002

栽植金焰绣线菊工程量清单计算规则为:以平方米计量,按设计图示尺寸(图5-10)以水平投影面积计算,则

$$S=101.2(\text{m}^2)$$

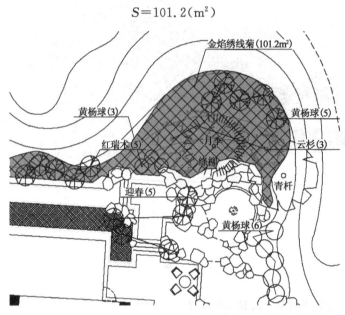

图 5-10　金焰绣线菊栽植清单计算范围

三　计算绿化项目定额工程量

(一)整理绿化用地

定额工程量计算规则为:按设计图示尺寸(图5-2)以面积计算(CAD量取),则
$$S=270.97(\text{m}^2)$$

(二)栽植绦柳

1.栽植绦柳

定额工程量计算规则为:以株计量,按设计图数量(图5-3)计算,则
$$Q=2(\text{株})$$

2.成活养护

定额工程量计算规则为:以株·月/年计量,按设计图数量(图5-3)计算,按一个月计算,则
$$Q=2(\text{株})$$

3.保存养护

定额工程量计算规则为:以株计量,按设计图数量(图5-3)计算,按保存养护一年,则

$$Q=2(株)$$

4.草绳绕杆

定额工程量计算规则为:以米计量,按 1.5m 考虑,则

$$L=2×1.5=3(m)$$

5.三角桩支撑

定额工程量计算规则为:以株计量,按设计图数量(图 5-3)计算,则

$$Q=2(株)$$

(三)栽植云杉

1.栽植云杉

定额工程量计算规则为:以株计量,按设计图数量(图 5-4)计算,则

$$Q=3(株)$$

2.成活养护

定额工程量计算规则为:以株·月/年计量,按设计图数量(图 5-4)计算,按一个月计算,则

$$Q=3(株)$$

3.保存养护

定额工程量计算规则为:以株计量,按设计图数量(图 5-4)计算,按保存养护一年,则

$$Q=3(株)$$

4.草绳绕杆

定额工程量计算规则为:以米计量,按 1.5m 考虑,则

$$L=3×1.5=4.5(m)$$

5.三角桩支撑

定额工程量计算规则为:以株计量,按设计图数量(图 5-4)计算,则

$$Q=3(株)$$

(四)栽植青杆

1.栽植青杆

定额工程量计算规则为:以株计量,按设计图数量(图 5-5)计算,则

$$Q=1(株)$$

2.成活养护

定额工程量计算规则为:以株·月/年计量,按设计图数量(图 5-5)计算,按一个月计算,则

$$Q=1(株)$$

3.保存养护

定额工程量计算规则为:以株计量,按设计图数量(图 5-5)计算,按保存养护一年,则

$$Q=1(株)$$

4.草绳绕杆

定额工程量计算规则为:以米计量,按2m考虑,则

$$L=1\times2=2(m)$$

5.三角桩支撑

定额工程量计算规则为:以株计量,按设计图数量(图5-5)计算

$$Q=1(株)$$

(五)栽植红瑞木

1.栽植红瑞木

定额工程量计算规则为:以株计量,按设计图数量(图5-6)计算,则

$$Q=5(株)$$

2.成活养护

定额工程量计算规则为:以株·月/年计量,按设计图数量(图5-6)计算,按一个月计算,则

$$Q=5(株)$$

3.保存养护

定额工程量计算规则为:以株计量,按设计图数量(图5-6)计算,按保存养护一年,则

$$Q=5(株)$$

(六)栽植黄杨球

1.栽植黄杨球

定额工程量计算规则为:以株计量,按设计图数量(图5-7)计算,则

$$Q=14(株)$$

2.成活养护

定额工程量计算规则为:以株·月/年计量,按设计图数量(图5-7)计算,按一个月计算,则

$$Q=14(株)$$

3.保存养护

定额工程量计算规则为:以株计量,按设计图数量(图5-7)计算,按保存养护一年,则

$$Q=14(株)$$

(七)栽植月季

1.栽植月季

定额工程量计算规则为:以平方米计量,按设计图示尺寸(图5-8)以水平投影面积计算,则

$$S=15.8(m^2)$$

2.成活养护

定额工程量计算规则为:以株计量,按设计图数量(图5-8)计算,按一个月计算,则

$$Q = 15.8 \times 16 = 253(株)$$

3. 保存养护

定额工程量计算规则为：以株计量，按设计图数量(图 5-8)计算，按保存养护一年，则

$$Q = 253(株)$$

(八) 栽植迎春

1. 栽植迎春

定额工程量计算规则为：以株计量，按设计图示数量(图 5-9)计算，则

$$Q = 5(株)$$

2. 成活养护

定额工程量计算规则为：以株计量，按设计图数量(图 5-9)计算，按一个月计算，则

$$Q = 5(株)$$

3. 保存养护

定额工程量计算规则为：以株计量，按设计图数量(图 5-9)计算，按保存养护一年，则

$$Q = 5(株)$$

(九) 栽植金焰绣线菊

1. 栽植金焰绣线菊

定额工程量计算规则为：以平方米计量，按设计图示尺寸(图 5-10)以水平投影面积计算

$$S = 101.2(m^2)$$

2. 成活养护

定额工程量计算规则为：以株计量，按设计图数量(图 5-10)计算，按一个月计算

$$Q = 101.2 \times 16 = 2530(株)$$

3. 保存养护

定额工程量计算规则为：以株计量，按设计图数量(图 5-10)计算，按保存养护一年，则

$$Q = 2530(株)$$

四 编制绿化项目清单(表 5-1)

分部分项工程量清单与计价表(绿化项目)

表 5-1

工程名称：　　　　　　　　　　　　标段：　　　　　　　　第　　页　共　　页

序号	项目编码	项目名称	项目特征描述	计量单位	工程量	综合单价	合价	其中暂估价
1	050101010001	整理绿化用地	1. 普通土 2. 弃渣运距 50m	m²	270.97			
2	050102001001	栽植乔木	1. 种类：绦柳 2. 胸径或干径：15cm 3. 株高、冠径：1.5～2.0m 4. 成活养护一月，保存养护一年	株	2			

序号	项目编码	项目名称	项目特征描述	计量单位	工程量	金额(元)		其中
						综合单价	合价	暂估价
3	050102001002	栽植乔木	1.种类:云杉 2.胸径或干径:12cm 3.株高、冠径:2.5~3.0m 4.成活养护一月,保存养护一年	株	3			
4	050102001003	栽植乔木	1.种类:青杆 2.胸径或干径:15cm 3.株高、冠径:2.5~3.0m 4.成活养护一月,保存养护一年	株	1			
5	050102002001	栽植灌木	1.种类:红瑞木 2.株高、冠径:1.0~1.2m 3.成活养护一月,保存养护一年	株	5			
6	050102002002	栽植灌木	1.种类:黄杨球 2.株高、冠径:0.8~1m 3.成活养护一月,保存养护一年	株	14			
7	050102008001	栽植花卉	1.花卉种类:月季 2.株高或蓬径:0.3m 3.单位面积株数:16株/m² 4.成活养护一月,保存养护一年	m²	15.8			
8	050102008003	栽植花卉	1.花卉种类:迎春 2.株高或蓬径:0.8~1m 3.成活养护一月,保存养护一年	株	5			
9	050102008002	栽植花卉	1.花卉种类:金焰绣线菊 2.株高或蓬径:0.5~0.7m 3.单位面积株数:25株/m² 4.成活养护一月,保存养护一年	m²	101.2			

134

第二节　园　路

识图列项

识图(图5-11)可知园路清单项计算范围,清单列项如下:

园路,清单编码050201001001

二 计算清单工程量

园路工程量清单计算规则为:按设计图示尺寸(图5-11~图5-14)以面积计算,不包括路牙。

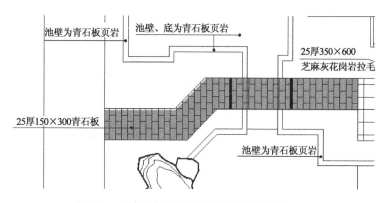

图 5-11 园路清单项范围及材料结构(尺寸单位:mm)

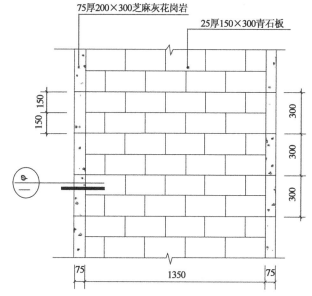

图 5-12 青石板园路大样图(尺寸单位:mm)

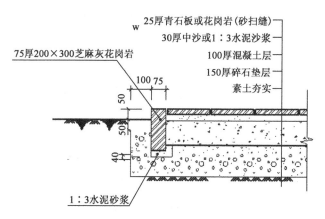

图 5-13 青石板园路节点图(尺寸单位:mm)

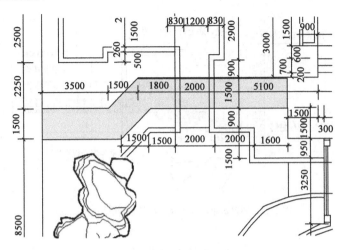

图 5-14 园路清单工程量计算范围(尺寸单位:mm)

清单工程量计算:

(1)按图示尺寸计算

$$S=(3.5+1.5\sqrt{2}+1.8+2+1.6)\times1.35=14.88(\text{m}^2)$$

(2)CAD 量取

$$S=14.88(\text{m}^2)$$

 计算计价工程量

(一)青石板园路路基整理

路基整理定额工程量计算规则为:按设计图示尺寸(图 5-15)以面积计算,则

$$S=(3.5+1.5\sqrt{2}+1.8+2+1.6)\times1.35=14.88(\text{m}^2)$$

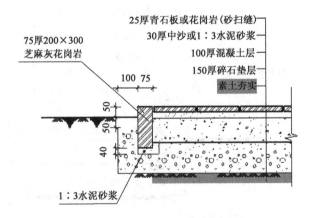

图 5-15 青石板园路路基整理计算范围(尺寸单位:mm)

(二)园路垫层:碎石干铺

碎石垫层定额工程量计算规则为:按设计图示尺寸(图 5-16)以体积计算,则

$$V=14.88\times0.15=2.232(\text{m}^3)$$

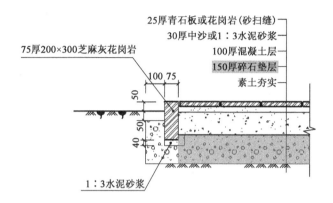

图 5-16 园路垫层:碎石干铺计算范围(尺寸单位:mm)

(三)园路垫层:混凝土为"现浇混凝土 C15 碎石 40"

混凝土垫层定额工程量计算规则为:按设计图示尺寸(图 5-17)以体积计算,则

$$V=14.88\times0.10=1.488(\text{m}^3)$$

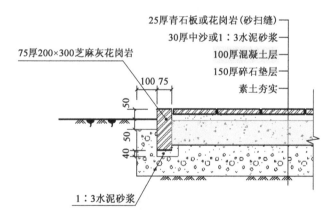

图 5-17 园路混凝土垫层计算范围(尺寸单位:mm)

(四)园路面层:青石板地面 30mm 厚中砂

园路面层定额工程量计算规则为:按设计图示尺寸(图 5-18)以面积计算,则

$$S=14.88(\text{m}^2)$$

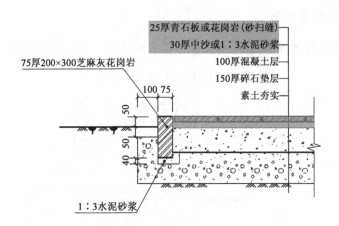

图 5-18　青石板园路面层计算范围(尺寸单位:mm)

四 编制青石板园路清单(表 5-2)

分部分项工程量清单与计价表(青石板园路)　　　　　表 5-2

工程名称:　　　　　　　　　　标段:　　　　　　　　第　　页　共　　页

序号	项目编码	项目名称	项目特征描述	计量单位	工程量	综合单价	合价	其中暂估价
1	050201001001	园路	1.青石板地面,30mm 厚中砂 2.园路垫层:碎石干铺 3.园路垫层:C15 混凝土碎石 40mm 4.青石板园路路基整理	m²	14.88			

第三节　路牙铺设

一 识图列项(图 5-19、图 5-20)

识图(图 5-19)可知路牙清单项计算范围,清单列项如下:

路牙铺设,清单编码 050201003001

二 计算清单工程量

路牙铺设工程量清单计算规则为:按设计图示尺寸(图 5-19)以长度计算。

清单工程量计算

(1)按图示尺寸计算

$$L=14.1(\mathrm{m})$$

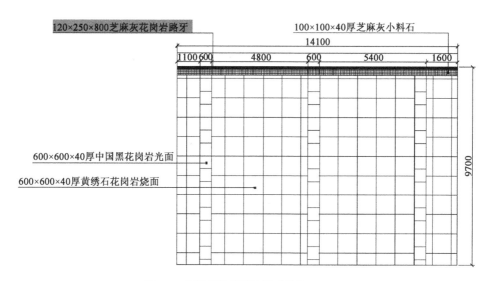

图 5-19 园路铺装平面图(尺寸单位:mm)

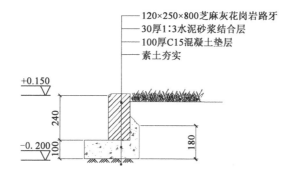

图 5-20 路牙大样图(尺寸单位:mm,标高单位:m)

(2)CAD 量取

$$L = 14.1(m)$$

三 计算计价工程量

(一)路牙路基整理

路基整理定额工程量计算规则为:按设计图示尺寸(图 5-21)以面积计算,则

$$S = 14.1 \times 0.12 = 1.692(m^2)$$

(二)路牙混凝土垫层

混凝土垫层定额工程量计算规则为:按设计图示(图 5-22)尺寸以体积计算,则

$$V=1.692\times0.1=0.169(\text{m}^3)$$

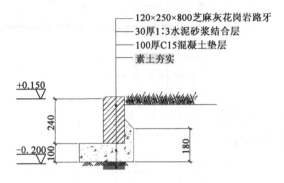

图 5-21　路牙路基整理计价工程量计算范围(尺寸单位:mm,标高单位:m)

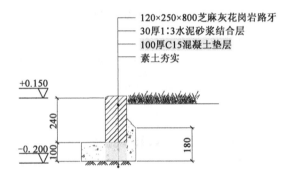

图 5-22　混凝土垫层计价工程量计算范围(尺寸单位:mm,标高单位:m)

(三)120mm×250mm×800mm 芝麻灰花岗岩路牙厚 30mm,1:3 水泥砂浆结合层

芝麻灰花岗岩路牙定额工程量计算规则:按设计图示尺寸(图 5-23)以长度计算,则

$$L=14.1(\text{m})$$

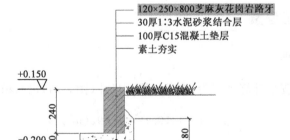

图 5-23　芝麻灰花岗岩路牙计价工程量计算范围(尺寸单位:mm,标高单位:m)

编制路牙铺设清单(表 5-3)

分部分项工程量清单与计价表(路牙) 表 5-3

工程名称：　　　　　　　　　　　　　　标段：　　　　　　　　　　第　页 共　页

序号	项目编码	项目名称	项目特征描述	计量单位	工程量	金额(元)		
						综合单价	合价	其中
								暂估价
1	050201003001	路牙铺设	1.芝麻灰花岗岩路牙 2.30mm 厚 1：3 水泥砂浆结合层 3.100mm 厚 C15 混凝土垫层 4.路牙路基整理	m	14.1			

第四节　停　车　位

一 识图列项

识图(图 5-24、图 5-25)可知停车位清单项目计算范围,根据停车位的项目特征,可按园路清单列项,园路清单列项如下：

园路(停车位),清单编码 050201001001

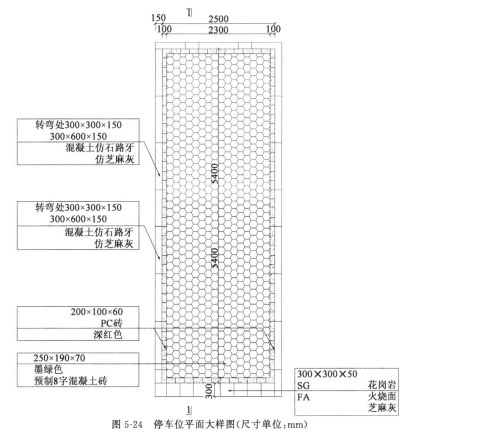

图 5-24　停车位平面大样图(尺寸单位:mm)

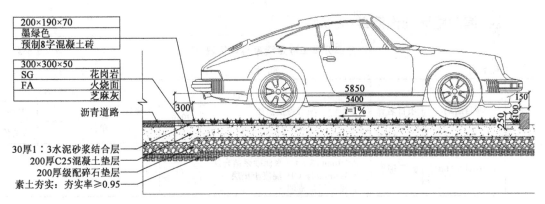

200×190×70
墨绿色
预制8字混凝土砖

300×300×50
SG   花岗岩
FA   火烧面
       芝麻灰

沥青道路

30厚1:3水泥砂浆结合层
200厚C25混凝土垫层
200厚级配碎石垫层
素土夯实:夯实率≥0.95

图 5-25 停车位剖面图(尺寸单位:mm)

二 计算清单工程量

停车位按园路计算,故其工程量清单计算规则为:按设计图示尺寸(图 5-26)以面积计算,不包括路牙。

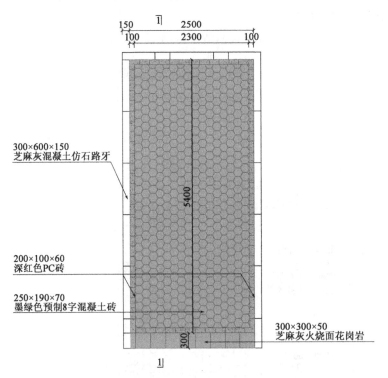

300×600×150
芝麻灰混凝土仿石路牙

200×100×60
深红色PC砖

250×190×70
墨绿色预制8字混凝土砖

300×300×50
芝麻灰火烧面花岗岩

图 5-26 停车位清单工程量计算范围(尺寸单位:mm)

清单工程量计算方法:
(1)按图示尺寸计算

$$S=(5.4+0.3)\times2.5=14.25(m^2)$$

(2)CAD 量取

$$S=14.25(m^2)$$

三 计算计价工程量

(一)停车位路基整理,素土夯实

路基整理定额工程量计算规则为:按设计图示尺寸(图 5-27)以面积计算,则
$$S=(5.4+0.3)\times2.5=14.25(m^2)$$

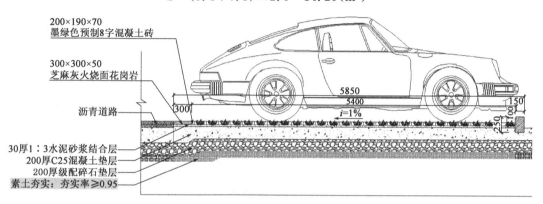

图 5-27 停车位路基整理计价工程量计算范围(尺寸单位:mm)

(二)200mm 厚级配碎石垫层干铺

200mm 厚碎石垫层定额工程量计算规则为:按设计图示尺寸(图 5-28)以体积计算,则
$$V=(5.4+0.3)\times2.5\times0.2=2.85(m^3)$$

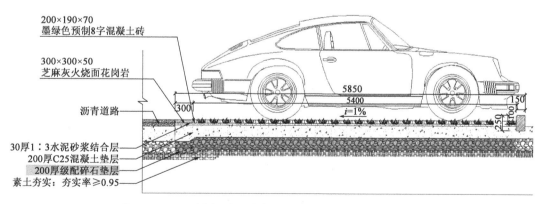

图 5-28 200mm 厚碎石垫层计价工程量计算范围(尺寸单位:mm)

(三)200mm 厚 C25 混凝土垫层,现浇混凝土 C25 碎石 40

C25 混凝土垫层定额工程量计算规则为:按设计图示尺寸(图 5-29)以体积计算,则
$$V=(5.4+0.3)\times2.5\times0.2=2.85(m^3)$$

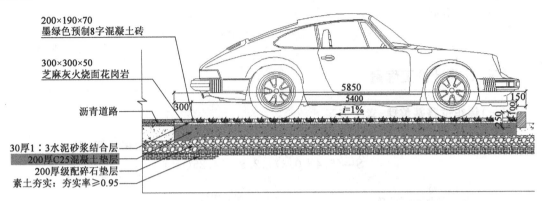

200×190×70
墨绿色预制8字混凝土砖

300×300×50
芝麻灰火烧面花岗岩

沥青道路

30厚1：3水泥砂浆结合层
200厚C25混凝土垫层
200厚级配碎石垫层
素土夯实：夯实率≥0.95

图 5-29　混凝土垫层计价工程量计算范围(尺寸单位：mm)

(四)面层 250mm×190mm×70mm 墨绿色预制 8 字混凝土砖,1：3 水泥砂浆结合

墨绿色预制 8 字混凝土砖定额工程量计算规则为：按设计图示尺寸(图 5-30)以面积计算,则
$$S=5.2×2.3=11.96(m^2)$$

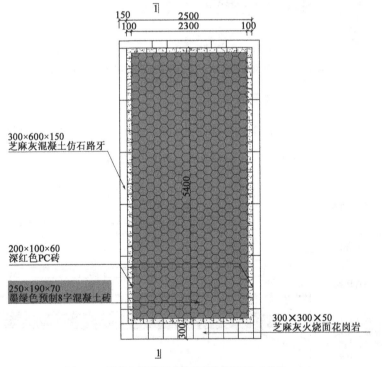

300×600×150
芝麻灰混凝土仿石路牙

200×100×60
深红色PC砖

250×190×70
墨绿色预制8字混凝土砖

300×300×50
芝麻灰火烧面花岗岩

图 5-30　混凝土砖计价工程量计算范围(尺寸单位：mm)

(五)收边 200mm×100mm×60mm 深红色 PC 砖,1：3 水泥砂浆结合

深红色 PC 砖定额工程量计算规则为：按设计图示尺寸(图 5-31)以面积计算,则
$$S=(5.4+2.3)×2×0.1=1.54(m^2)$$

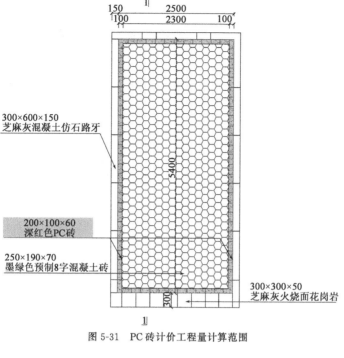

图 5-31 PC 砖计价工程量计算范围

(六)收边 300mm×300mm×50mm 芝麻灰火烧面花岗岩,1∶3 水泥砂浆结合

芝麻灰火烧面花岗岩定额工程量计算规则为:按设计图示尺寸(图 5-32)以面积计算,则

$$S = 2.5 \times 0.3 = 0.75(\text{m}^2)$$

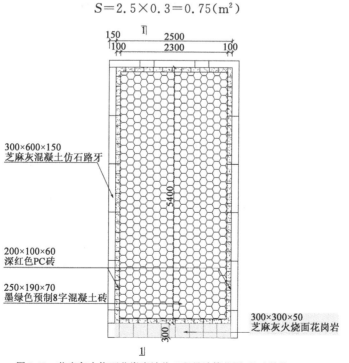

图 5-32 芝麻灰火烧面花岗岩计价工程量计算范围(尺寸单位:mm)

四 编制停车位清单(表5-4)

分部分项工程量清单与计价表(停车位)　　　　　　　　表5-4

工程名称：　　　　　　　　　　标段：　　　　　　　第　页 共　页

序号	项目编码	项目名称	项目特征描述	计量单位	工程量	金额(元)		
						综合单价	合价	其中 暂估价
1	050201001001	园路 (停车位)	1.300mm×300mm×50mm 芝麻灰火烧面花岗岩 2.250mm×190mm×70mm 墨绿色预制8字混凝土砖 2.200mm×100mm×60mm 深红色PC砖 3.30mm 厚1：3 水泥砂浆结合层 4.垫层 200mm 碎石干铺 5.垫层 200mmC25 混凝土碎石40 6.素土夯实	m²	14.25			

第五节　汀　步

一 识图列项

识图(图5-33、图5-34)可知汀步清单项目计算范围,根据汀步的项目特征,可按园路清单列项,园路清单列项如下：

园路(汀步),清单编码 050201001001

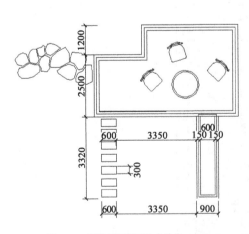

图5-33　汀步平面图(尺寸单位:mm)

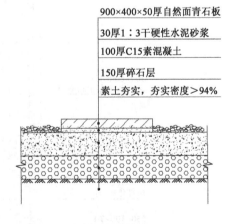

900×400×50厚自然面青石板

30厚1：3干硬性水泥砂浆

100厚C15素混凝土

150厚碎石层

素土夯实,夯实密度>94%

图5-34　汀步基础做法(尺寸单位:mm)

二 计算清单工程量

汀步按园路计算,故其工程量清单计算规则为：按设计图示尺寸以面积计算。

清单工程量计算方法：

(1)按图示尺寸计算

$$S=0.6\times0.3\times7=1.26(m^2)$$

(2)CAD量取

$$S=1.26(m^2)$$

 计算计价工程量

(一)路基整理

路基整理定额工程量计算规则为：按设计图示尺寸(图5-35)以面积计算,则

$$S=3.32\times0.6=1.992(m^2)$$

(二)150mm厚碎石垫层

150mm厚碎石垫层定额工程量计算规则为：按设计图示尺寸(图5-36)以体积计算,则

$$V=1.992\times0.15=0.2988(m^3)$$

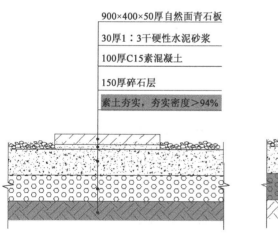

图5-35　汀步路基整理计价工程量计算范围
(尺寸单位:mm)

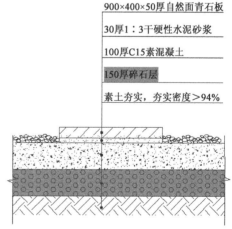

图5-36　汀步碎石垫层计价工程量计算范围
(尺寸单位:mm)

(三)100mm厚C15素混凝土

100mm厚C15素混凝土垫层定额工程量计算规则为：按设计图示尺寸(图5-37)以体积计算,则

$$V=1.992\times0.1=0.20(m^3)$$

(四)30mm 厚干硬性水泥砂浆

30mm 厚干硬性水泥砂浆定额工程量计算规则为:按设计图示尺寸(图 5-38)以面积计算,则

$$S=1.992(m^2)$$

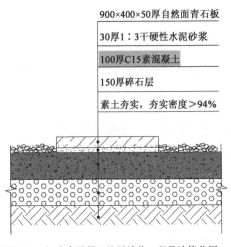

图 5-37　汀步素混凝土垫层计价工程量计算范围
(尺寸单位:mm)

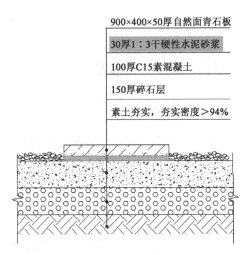

图 5-38　干硬性水泥砂浆计价工程量计算范围
(尺寸单位:mm)

(五)900mm×400mm×50mm 厚自然面青石板

900mm×400mm×50mm 厚自然面青石板定额工程量计算规则:按设计图示尺寸(图 5-39)以面积计算,则

$$S=1.26(m^3)$$

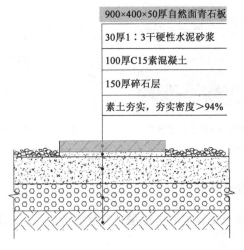

图 5-39　青石板汀步计价工程量计算范围(尺寸单位:mm)

编制青石板汀步清单(表 5-5)

分部分项工程量清单与计价表(青石板汀步)　　　　　表 5-5

工程名称：　　　　　　　　　　　标段：　　　　　　　第　页 共　页

序号	项目编码	项目名称	项目特征描述	计量单位	工程量	金额(元)		
						综合单价	合价	其中
								暂估价
1	050201001001	园路(汀步)	1.素土夯实,压实度≥94％； 2.150mm 厚碎石垫层； 3.100mm 厚 C15 素混凝土； 4.30mm 厚 1∶3 干硬性水泥砂浆 5.900mm×400mm×50mm 厚自然面青石板	m²	1.26			

第六节　台　阶

一 识图列项

识图(图 5-40)可知台阶清单项目计算范围,清单列项如下：

(卵)石台阶,清单编码 050301008001

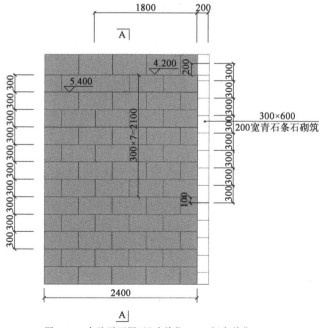

图 5-40　台阶平面图(尺寸单位:mm,标高单位:m)

二 计算清单工程量

(卵)石台阶工程量清单计算规则为:按设计图示尺寸(图 5-40)以水平投影面积计算。

清单工程量计算方法：

(1)按图示尺寸计算

$$S=2.4\times2.4=5.76(m^2)$$

(2)CAD 量取

$$S=5.76m^2$$

三 计算计价工程量

(一)素土夯实

素土夯实定额工程量计算规则为：按夯实面积(图 5-41)以平方米计算，则

$$S=3.2\times2.4=7.68(m^2)$$

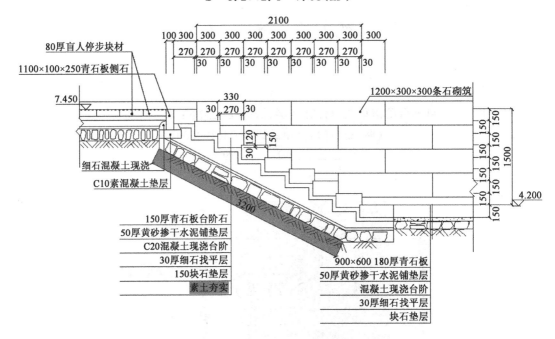

图 5-41 素土夯实计价工程量计算范围(尺寸单位：mm，标高单位：m)

(二)150mm 厚块石垫层

150mm 厚块石垫层定额工程量计算规则为：按设计图示尺寸(图 5-42)以体积计算，则

$$V=3.2\times2.4\times0.15=1.152(m^3)$$

(三)30mm 厚细石找平层

30mm 厚细石找平层定额工程量计算规则为：按设计图示(图 5-43)尺寸以体积计算，则

$$V=3.2\times2.4\times0.03=0.2304(m^3)$$

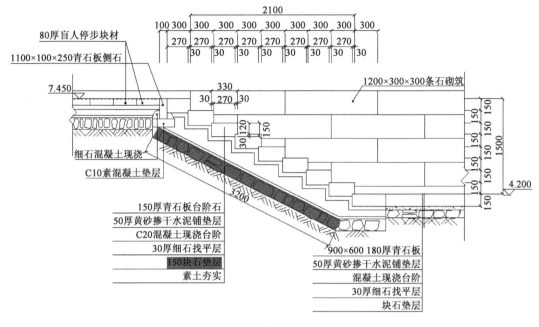

图 5-42　块石垫层计价工程量计算范围(尺寸单位:mm,标高单位:m)

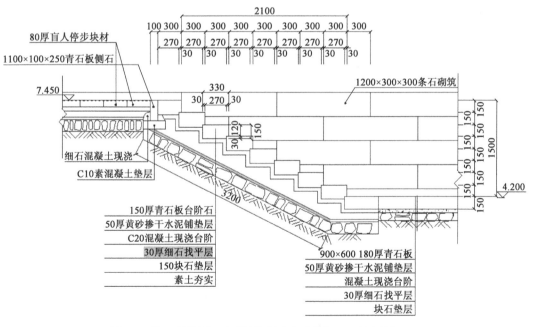

图 5-43　块石垫层计价工程量计算范围(尺寸单位:mm,标高单位:m)

(四)C20混凝土现浇台阶

混凝土现浇台阶定额工程量计算规则:按设计图示(图5-44)尺寸以水平投影面积计算,则
$$S=2.4\times2.4=5.76(m^2)$$

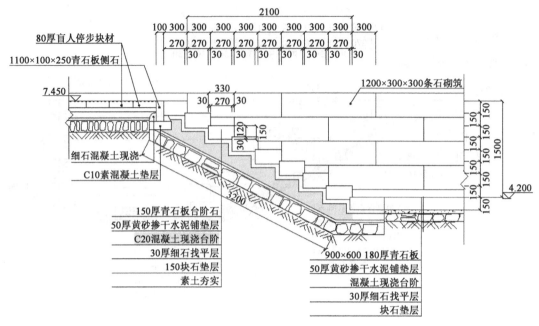

图 5-44　混凝土现浇台阶计价工程量计算范围(尺寸单位:mm,标高单位:m)

(五)50mm 厚黄砂掺干水泥铺垫层

50mm 厚黄砂掺干水泥铺垫层定额工程量清单计算规则为:按设计图示(图 5-45)尺寸以体积计算

$$V = 2.4 \times 2.4 \times 0.05 = 0.288 (\text{m}^3)$$

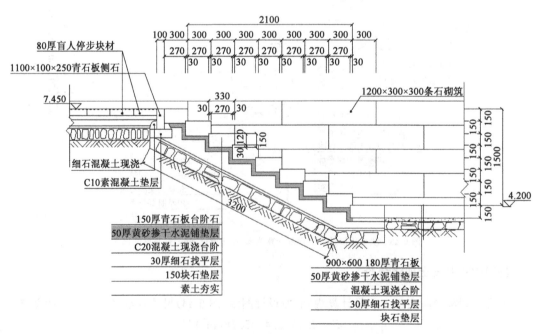

图 5-45　垫层计价工程量计算范围(尺寸单位:mm,标高单位:m)

(六)150mm 厚青石板台阶石

150mm 厚青石板台阶石定额工程量清单计算规则为：按设计图示(图 5-46)尺寸以体积计算,则

$$V=2.4\times2.4\times0.15=0.864(\text{m}^3)$$

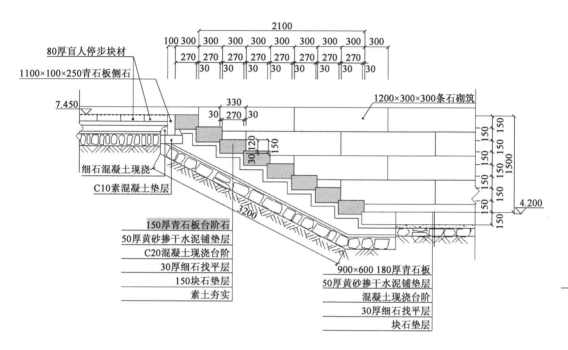

图 5-46　青石板台阶石计价工程量计算范围(尺寸单位：mm,标高单位：m)

四 编制青石板台阶清单(表 5-6)

分部分项工程量清单与计价表(青石板台阶)　　　　表 5-6

工程名称：　　　　　　　　　　标段：　　　　　　　　第　　页　共　　页

序号	项目编码	项目名称	项目特征描述	计量单位	工程量	金额(元)		
						综合单价	合价	其中 暂估价
1	050301008001	山坡(卵)石台阶(青石板台阶)	1.150 厚青石板台阶石 2.50 厚黄砂掺干水泥铺垫层 3.C20 混凝土现浇台阶 4.30 厚细石找平层 5.150 厚块石垫层 6.素土夯实	m²	5.76			

第七节 园 桥

一 识图列项

识图(图 5-47～图 5-50)可知,按照桥基础和桥面的构造做法分别列清单项,详后。

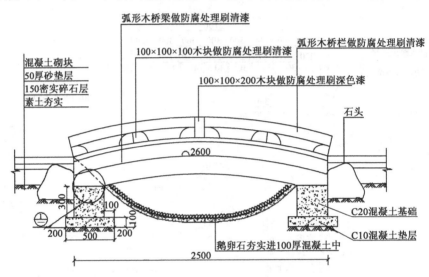

图 5-47 木桥正立面图(尺寸单位:mm)

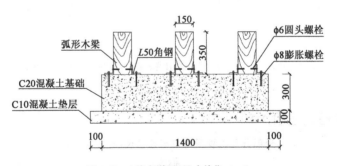

图 5-48 1接点详图(尺寸单位:mm)

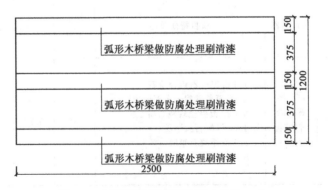

图 5-49 木桥弧梁平面布置图(尺寸单位:mm)

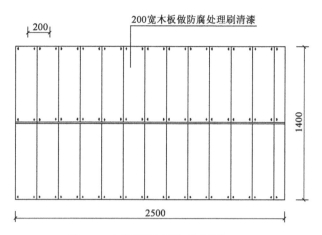

图 5-50　木桥平面布板图(尺寸单位:mm)

二　计算清单工程量

(一)桥基础

1. 平整场地:编号 010101001001

平整场地工程量清单计算规则为:按设计图示尺寸(图 5-47)以面积计算,则

$$S = 0.3 \times (1.4 + 0.2) \times 2 = 0.96(\text{m}^2)(基础垫层以下进行场地平整)$$

2. 挖沟槽土方:编号 010101003001

挖沟槽土方工程量清单计算规则为:按设计图示(图 5-51)尺寸以基础垫层底面积乘以挖土深度计算,则

$$V = (0.3 + 0.1 \times 2) \times (0.1 + 0.3) \times (1.4 + 0.2) \times 2 = 0.64(\text{m}^3)$$

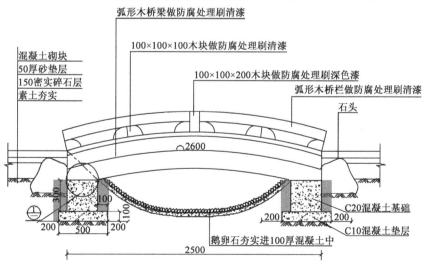

图 5-51　基槽开挖清单工程量计算范围(尺寸单位:mm)

155

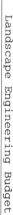

Landscape　Engineering　Budget

第五章　园林绿化工程案例指导

3. 桥基础:编号 050201006001

桥基础工程量清单计算规则为:按设计图示尺寸(图 5-52)以体积计算,则

$$V = 0.3 \times 0.3 \times 1.4 \times 2 = 0.252 (m^3)$$

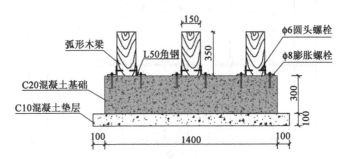

图 5-52　桥基础清单工程量计算范围(尺寸单位:mm)

4. 土方回填:编号 010103001001

基础回填工程量清单计算规则为:挖方体积减去自然地坪以下埋设的基础体积(包括基础垫层及其他构筑物)(图 5-53),则

$$V_{填} = V_{挖} - V_{构件}$$
$$= 0.64 - (0.3 + 0.1 \times 2) \times (1.4 + 0.1 \times 2) \times 0.1 - 0.3 \times 1.4$$
$$= 0.14 (m^3)$$

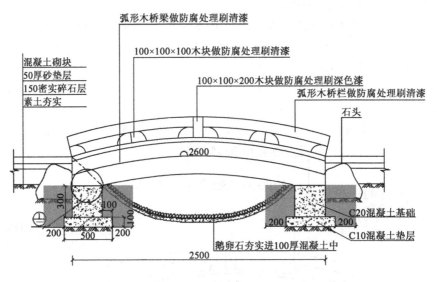

图 5-53　基础回填清单工程量计算范围(尺寸单位:mm)

(二)桥面

木制步桥:编号 050201014001

木制步桥工程量清单计算规则为:按设计图示尺寸(图 5-54)以桥面板长乘桥面板宽以面积计算,则

$$S = 2.6 \times 1.4 = 3.64 (m^2)$$

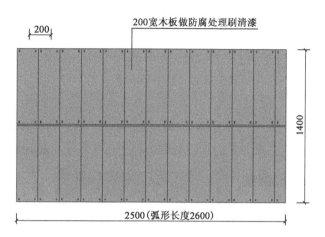

图 5-54　木制步桥清单工程量计算范围(尺寸单位:mm)

三　计算计价工程量

(一)平整场地

平整场地定额工程量计算规则为:按设计图示尺寸(图 5-47)以面积计算,则

$$S=0.3\times(1.4+0.2)\times2=0.96(\text{m}^2)(\text{基础垫层以下进行场地平整})$$

(二)基槽开挖

基槽开挖定额工程量计算规则为:按设计图示尺寸(图 5-51)以基础垫层底面积乘以挖土深度计算

$$V=(0.3+0.3\times2)\times(0.1+0.3)\times(1.4+0.2+0.3\times2)\times2=1.584(\text{m}^3)$$

(三)C10 混凝土垫层

C10 混凝土垫层定额工程量计算规则为:按设计图示(图 5-55)尺寸以体积计算,则

$$V=(0.3+0.1\times2)\times(1.4+0.1\times2)\times0.1=0.08(\text{m}^3)$$

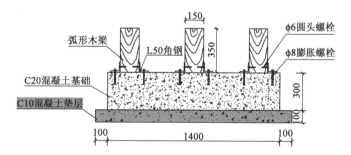

图 5-55　混凝土垫层计价工程量计算范围(尺寸单位:mm)

(四)C20混凝土基础

C20混凝土基础定额工程量清单计算规则:按设计图示尺寸(图5-56)以体积计算,则

$$V=0.3\times1.4=0.42(m^3)$$

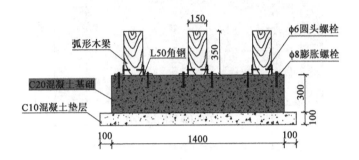

图5-56 混凝土基础计价工程量计算范围(尺寸单位:mm)

(五)回填方

基础回填定额工程量计算规则为:挖方体积减去自然地坪以下埋设的基础体积(图5-57),则

$$V=1.584-0.08-0.42=1.084(m^3)$$

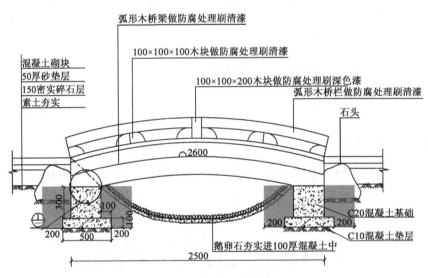

图5-57 基础回填计价工程量计算范围(尺寸单位:mm)

(六)素土夯实

素土夯实定额工程量计算规则为:按夯实面积以平方米计算,则

$$S=(0.3+0.3\times2)\times(1.4+0.1\times2+0.3\times2)=4.18(m^2)$$

分部分项工程量清单与计价表(园桥) 表 5-7

工程名称: 标段: 第 页 共 页

序号	项目编码	项目名称	项目特征描述	计量单位	工程量	综合单价	合价	其中 暂估价
1	010101001001	平整场地	1.土壤类别:三类土 2.弃土运距:50m	m²	0.96			
2	010101003001	挖沟槽土方	1.土壤类别:三类土 2.挖土深度:详见施工图	m³	0.64			
3	050201006001	桥基础	1.混凝土基础 2.C10 混凝土垫层 3.C20 混凝土基础	m³	0.252			
4	010103001001	回填方	1.素土回填 2.夯实	m³	0.14			
5	050201014001	木制步桥	成品安装	m²	3.64			

第八节 景 墙

 识图列项

识图(图 5-58～图 5-60)可知景墙清单列项如下:

景墙,清单编码 050307010001

景墙工程量清单计算规则为:(1)以立方米计量,按设计图示尺寸以体积计算;(2)以段计量,按设计图示尺寸以数量计算。

本案例选择以段计算。

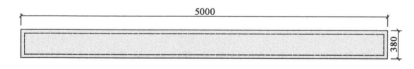

图 5-58 景墙平面图(尺寸单位:mm)

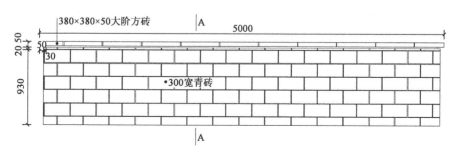

图 5-59 景墙立面图(尺寸单位:mm)

二 计算清单工程量

清单工程量计算方法:按图示尺寸计算

$$Q=1 \text{ 段}$$

三 计算计价工程量

(一)场地平整

场地平整定额工程量计算规则为:按设计图示尺寸(图 5-61)每边各加 2m,以面积计算,则

$$S=(0.38+4)\times(5+4)=39.42(\text{m}^2)$$

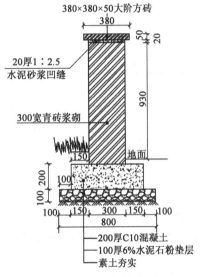

图 5-60 A—A 剖面图(尺寸单位:mm)

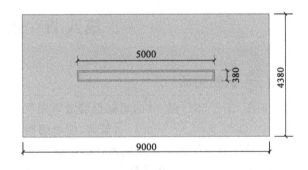

图 5-61 场地平整计价工程量计算范围(尺寸单位:mm)

160

(二)挖土方

挖土方定额工程量计算规则为:按设计图示(图 5-62)尺寸以基础垫层底面积乘以挖土深度计算,则

$$V=(0.8+0.2+0.2)\times5\times(0.1+0.2+0.05)=2.1(\text{m}^3)$$

(三)素土夯实

素土夯实定额工程量计算规则为:按设计图示(图 5-63)尺寸以面积计算,则

$$S=(0.8+0.2\times2)\times5=6(\text{m}^2)$$

(四)回填土

回填土定额工程量计算规则为:挖方体积减去自然地坪以下埋设的基础体积(图 5-64),则

$$V_{填} = V_{挖} - V_{构件}$$
$$= 2.1 - (0.4 + 0.6 + 0.05 \times 0.38 \times 5)$$
$$= 1.005 (\text{m}^3)$$

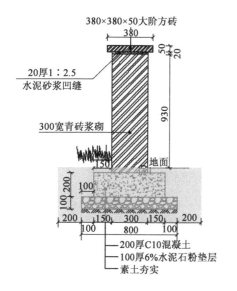

图 5-62 挖土方计价工程量计算范围(尺寸单位:mm)

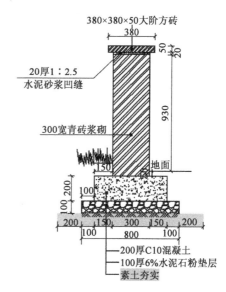

图 5-63 素土夯实计价工程量计算范围(尺寸单位:mm)

(五)100mm 厚 6%水泥石粉垫层

水泥石粉垫层定额工程量计算规则为:按设计图示尺寸(图 5-65)以体积计算,则
$$V = 0.8 \times 0.1 \times 5 = 0.4 (\text{m}^3)$$

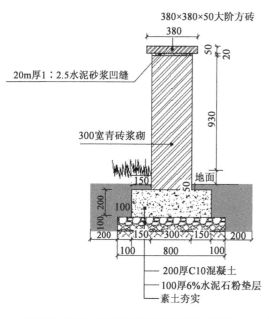

图 5-64 回填土计价工程量计算范围(尺寸单位:mm)

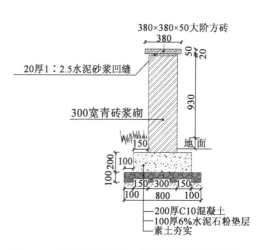

图 5-65 水泥石粉垫层计价工程量计算范围(尺寸单位:mm)

(六)200mm 厚 C10 混凝土

混凝土垫层定额工程量计算规则为：按设计图示（图 5-66）尺寸以体积计算，则
$$V=(0.8-0.1\times2)\times0.2\times5=0.6(m^3)$$

(七)300mm 宽青砖砌体

砖砌体定额工程量计算规则为：按设计图示（图 5-67）尺寸以体积计算，则
$$V=0.3\times0.93\times5=1.395(m^3)$$

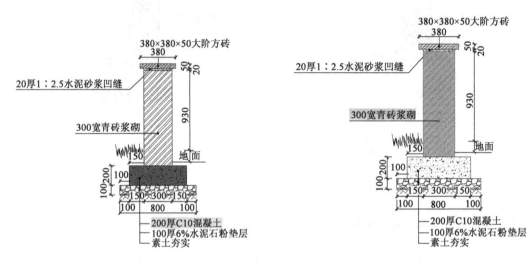

图 5-66　混凝土垫层计价工程量计算范围(尺寸单位：mm)　　图 5-67　砖砌体计价工程量计算范围(尺寸单位：mm)

(八)380mm×380mm×50mm 大阶方砖压顶

压顶定额工程量计算规则为：按设计图示尺寸（图 5-68）以面积计算，则
$$S=0.38\times5=1.9(m^2)$$

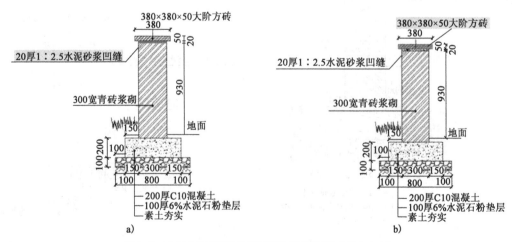

图 5-68　大阶方砖压顶计价工程量计算范围(尺寸单位：mm)

分部分项工程量清单与计价表（景墙） 表 5-8

工程名称：　　　　　　标段：　　　　　　第　页　共　页

序号	项目编码	项目名称	项目特征描述	计量单位	工程量	金额（元）		
						综合单价	合价	其中
								暂估价
1	050307010001	景墙	1.土壤类别：三类土 2.弃土运距：50m 3.挖土深度：详见施工图 4.素土回填、夯实 5.100mm 厚水泥石粉垫层 6.200mm 厚 C10 混凝土垫层 7.M7.5 水泥砂浆砌筑 300 宽青砖墙 8.20mm 厚 1：2.5 水泥砂浆凹缝 9.380mm×380mm×50mm 厚大阶方砖压顶	段	1			

第九节　花　　池

163

一　识图列项

识图（图 5-69、图 5-70）可知花池清单列项如下：

花池，清单编码 050307016001

花池工程量清单计算规则为：①以立方米计量，按设计图示尺寸以体积计算；②以米计量，按设计图示尺寸以池壁中心线处延长米计算；③以个计量，按设计图示数量计算。

本案例选择以池壁中心线延长米计算。

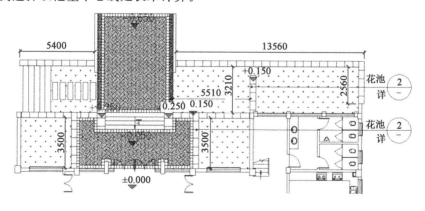

图 5-69　VIP 别墅前院标高索引平面图（尺寸单位：mm）

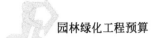
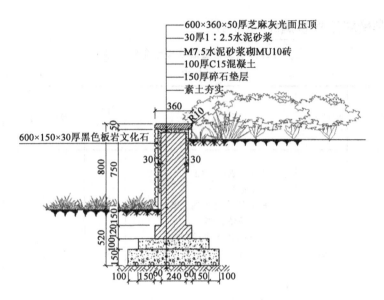

图 5-70　VIP 花池大样图(尺寸单位:mm)

二　计算清单工程量

清单工程量计算方法:

(1)按图示尺寸计算

$$L=5.4\times2+13.56+2.56+3.21+5.51+3.5\times2=42.64(\text{m})$$

(2)CAD 量取

$$L=42.64(\text{m})$$

三　计算计价工程量

(一)挖土方

挖土方定额工程量计算规则为:按设计图示尺寸以基础垫层底面积乘以挖土深度计算(图 5-71),则

$$L=5.4\times2+13.56+2.56+3.21+5.51+3.5\times2=42.64(\text{m})$$
$$V=42.64\times[(0.3+0.1+0.15+0.06)\times2+0.24]\times0.52=32.37(\text{m}^3)$$

(二)回填方

回填土定额工程量计算规则为:挖方体积减去自然地坪以下埋设的基础体积(图 5-72),则

$$V_{填}=V_{挖}-V_{构件}$$
$$=32.37-\{[(0.1+0.15+0.06)\times2+0.24]\times0.15+[(0.15+0.06)\times2+0.24]\times$$
$$0.1+(0.06\times2+0.24)\times0.12+0.24\times0.15\}\times42.64$$
$$=20.68(\text{m}^3)$$

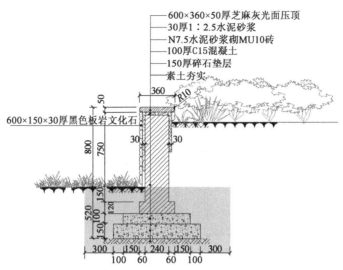

图 5-71 挖土方计价工程量计算范围(尺寸单位:mm)

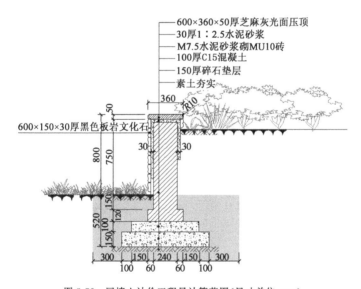

图 5-72 回填土计价工程量计算范围(尺寸单位:mm)

(三)150mm 厚碎石垫层

150mm 厚碎石垫层定额工程量计算规则为:按设计(图 5-73)图示尺寸以体积计算,则

$$V=[(0.1+0.15+0.06)\times2+0.24]\times0.15\times42.64=4.81(\text{m}^3)$$

(四)100mm 厚 C15 混凝土

100mm 厚 C15 混凝土垫层定额工程量计算规则为:按设计图示尺寸(图 5-74)以体积计算,则

$$V=[(0.15+0.06)\times2+0.24]\times0.1\times42.64=2.814(\text{m}^3)$$

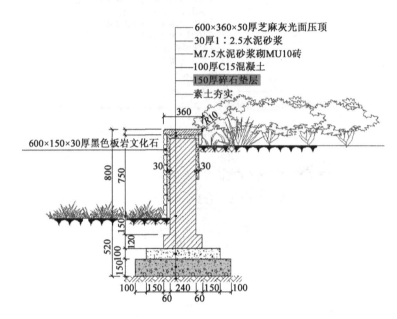

图 5-73　150mm厚碎石垫层计价工程量计算范围(尺寸单位:mm)

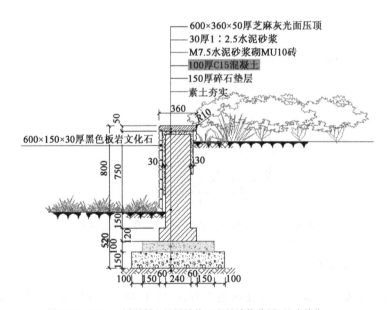

图 5-74　100mm厚混凝土垫层计价工程量计算范围(尺寸单位:mm)

(五)实心砖墙

实心砖墙定额工程量计算规则为:按设计图示尺寸(图 5-75)以体积计算,则

$$V=[(0.06\times2+0.24)\times0.12+0.24\times0.75]\times42.64=9.517(\text{m}^3)$$

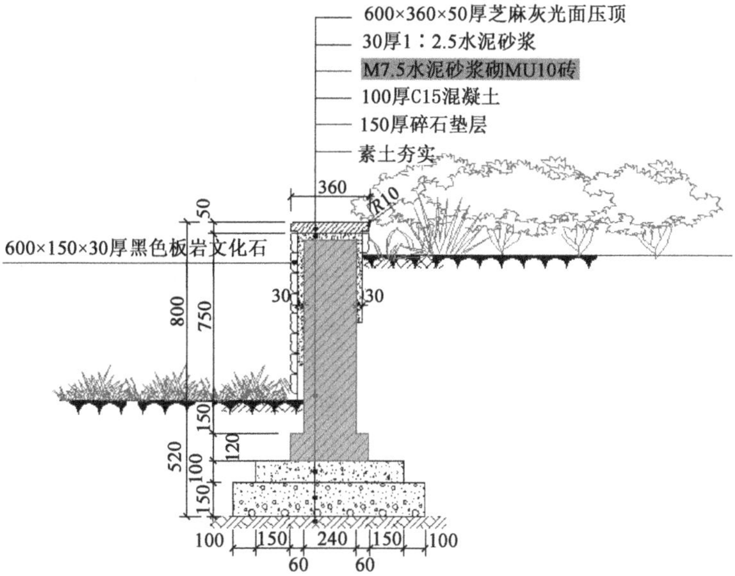
600×360×50厚芝麻灰光面压顶
30厚1：2.5水泥砂浆
M7.5水泥砂浆砌MU10砖
100厚C15混凝土
150厚碎石垫层
素土夯实
360
R10
50
600×150×30厚黑色板岩文化石
800
750
30
30
150
520
120
100
150
100
150
240
150
100
60
60

图 5-75　实心砖墙计价工程量计算范围(尺寸单位:mm)

(六)600mm×300mm×50mm 厚芝麻灰光面压顶

压顶定额工程量计算规则为:按设计图示尺寸(图 5-76)以面积计算,则

$$S=0.36\times 42.64=15.35(m^2)$$

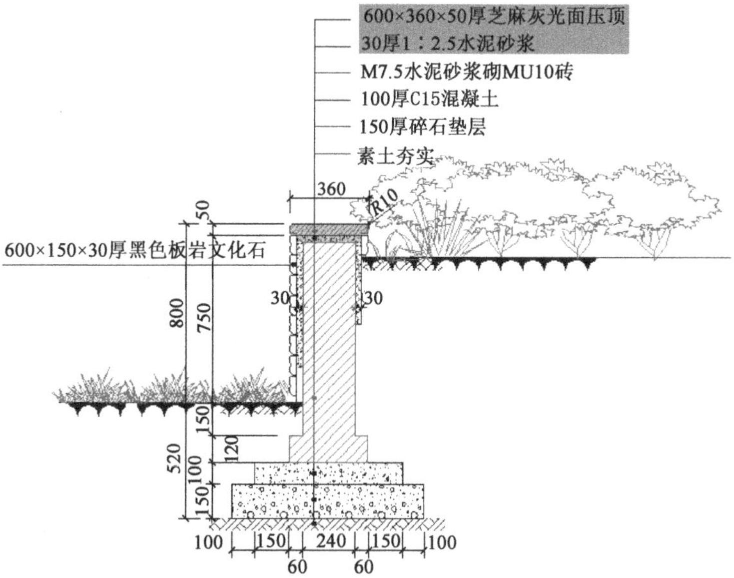
600×360×50厚芝麻灰光面压顶
30厚1：2.5水泥砂浆
M7.5水泥砂浆砌MU10砖
100厚C15混凝土
150厚碎石垫层
素土夯实
360
R10
50
600×150×30厚黑色板岩文化石
800
750
30
30
150
520
120
100
150
100
150
240
150
100
60
60

图 5-76　芝麻灰光面压顶计价工程量计算范围(尺寸单位:mm)

(七)墙面 600mm×150mm×30mm 厚黑色板岩文化石

板岩文化石定额工程量计算规则为:按设计图示尺寸(图 5-77)以面积计算,则

$$S=(0.75+0.15)\times 42.64=38.38(\mathrm{m^2})$$

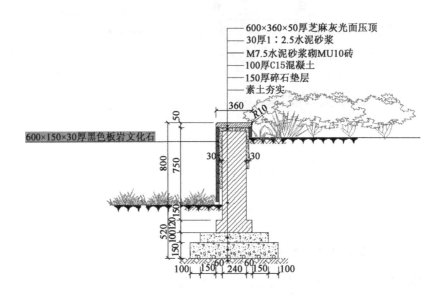

图 5-77　板岩文化石计价工程量计算范围(尺寸单位:mm)

四 编制花池清单(表 5-9)

分部分项工程量清单与计价表(花池)　　　　　　　　　　　表 5-9

工程名称:　　　　　　　　　　　标段:　　　　　　第　页　共　页

序号	项目编码	项目名称	项目特征描述
1	050307016001	花池	1.土壤类别:根据相关资料及现场勘查情况自行确定 2.挖土深度:详见施工图 3.素土回填、夯实 4.150mm 厚碎石垫层 5.100mm 厚 C15 混凝土 6.M7.5 水泥砂浆砌筑 MU10 灰砂砖 7.30 厚 1:2.5 水泥砂浆,600mm×300mm×50mm 厚中国黑光面压顶 8.30 厚 1:2.5 水泥砂浆,600mm×150mm×30mm 厚芝麻灰文化石

第十节 喷泉处工程

一 识图列项

识图(图 5-78～图 5-81)可知清单列项如下:

(1)地面铺装,清单编码 050201001001。

(2)景墙(小挡墙),清单编码 050307010001。

(3)花池,清单编码 050307016002。

(4)喷泉水池部分:本案例提供的图纸只是某园林景观工程截取的一部分内容,因此其中一般挖土方、回填方只列项不计量,余方弃置不列项计量;配筋无详图,只列项不计量;成品水钵带底座只列项不描述特征。

根据 2013 版《计价规范》的规定:喷泉、水池应按现行国家标准《房屋建筑与装饰工程工程量计算规范》(GB 50854)中相关项目编码列项。

①一般挖土方,编码 010101002001;②回填方,编码 010103001001;③垫层(水泥稳定石硝),编码 010404001001;④垫层(混凝土),编码 010501001001;⑤其他构件(混凝土池槽):根据 2013 版《计价规范》的规定,现浇混凝土小型池槽、垫块、门框等,应按本表中其他构件项目编码列项,清单编码 010507007001;⑥现浇构件钢筋(φ10),编码 01051500001;⑦水池饰面,本案例未提供水池内外饰面的详图,只有水池池边平面饰面,故列项算量只含一部分,按石材零星项目列项计量,清单编码 011108001001;⑧成品水钵带底座,清单编码 05B001。

(5)塑料、铁艺、金属椅(成品带伞座椅):本案例的图纸没有提供详图,在此只列项不描述项目特征。清单编码 050305010001

(6)灯柱:本案例的图纸没有提供灯柱详图,在此只提示不列项。

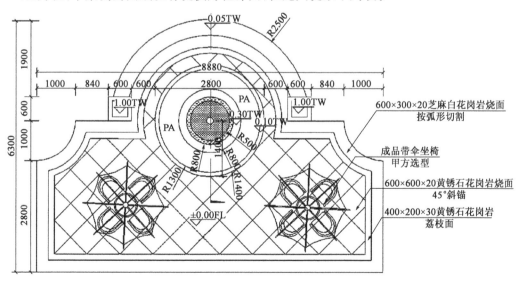

图 5-78 小喷泉立面图(尺寸单位:mm,标高单位:m)

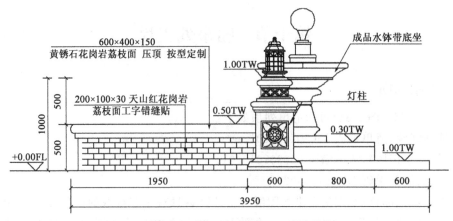

图 5-79　小喷泉立面图一（尺寸单位：mm，标高单位：m）

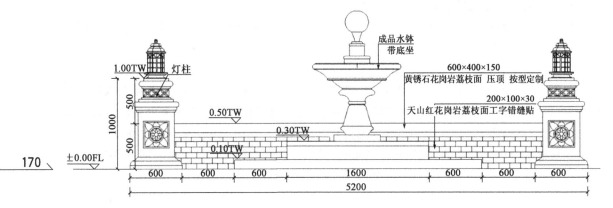

图 5-80　小喷泉立面图二（尺寸单位：mm，标高单位：m）

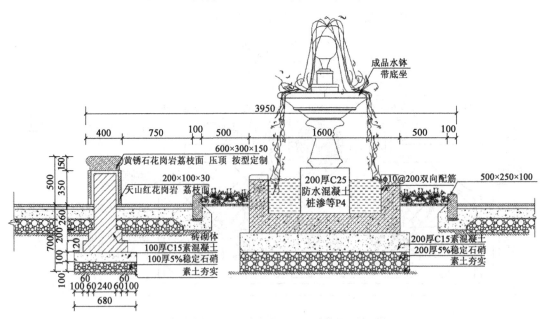

图 5-81　小喷泉剖面图（尺寸单位：mm）

二 计算清单工程量

(一)地面铺装

地面铺装工程量清单计算规则为:按设计图示尺寸(图 5-82)以面积计算,则

$$S=33.13(\text{m}^2)(\text{CAD 量取})$$

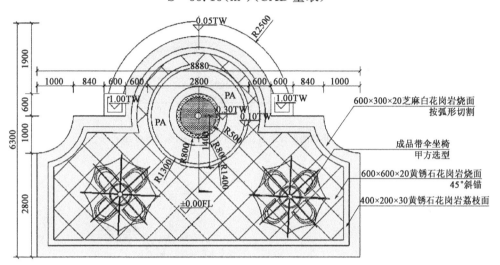

图 5-82 地面铺装清单工程量计算范围(尺寸单位:mm,标高单位:m)

(二)景墙(小挡墙)

小挡墙按景墙计算,其工程量清单计算规则为:①以立方米计量,按设计图示尺寸(图 5-83~图 5-85)以体积计算;②以段计量,按设计图示尺寸以数量计算。

本案例选择以段计算。

$$Q=1(\text{段})$$

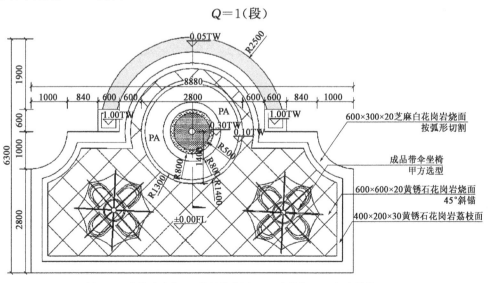

图 5-83 小挡墙清单工程量计算范围一(尺寸单位:mm,标高单位:m)

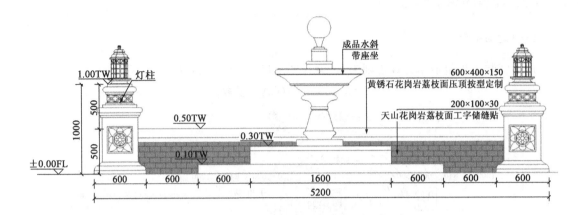

图 5-84　小挡墙设计图示二(尺寸单位:mm,标高单位:m)

172

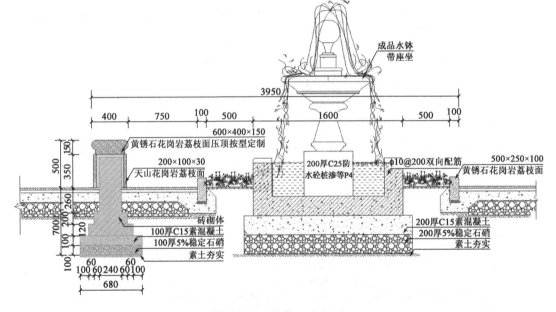

图 5-85　灯柱基础设计图示(尺寸单位:mm)

(三)花池

花池工程量清单计算规则为:①以立方米计量,按设计图示尺寸(图 5-86、图 5-87)以体积计算;②以米计量,按设计图示尺寸(图 5-86、图 5-87)以池壁中心线处延长米计算;③以个计量,按设计图示数量计算。

本案例选择以米计算

$$L=3.14\times(1.6+0.5\times2+0.1)=8.478(m)$$

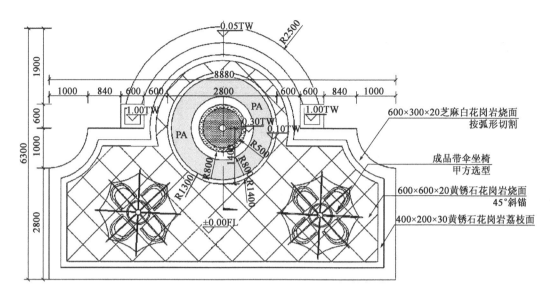

图 5-86　花池清单工程量计算范围一（尺寸单位：mm）

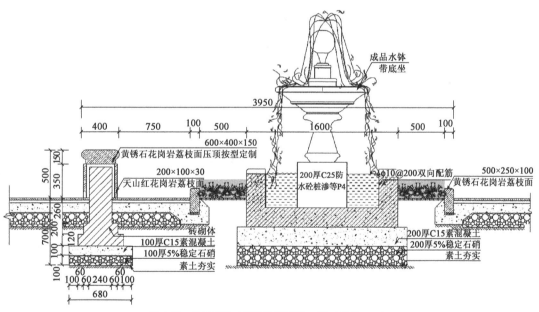

图 5-87　花池清单工程量计算范围二（尺寸单位：mm）

(四)喷泉水池部分

(1)一般挖土方,清单编码 010101002001,不计量。

(2)回填方,清单编码 010103001001,不计量。

(3)垫层(水泥稳定石硝),清单编码 010404001001。水泥稳定碎石清单计算规则为:按设计图示尺寸(图 5-88)以面积计算

$$S=3.14\times(0.8+0.1)\times(0.8+0.1)=2.543(m^2)$$

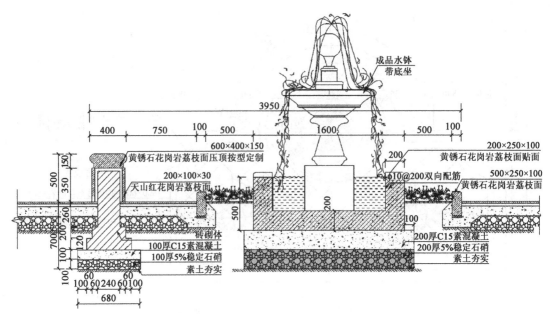

图 5-88　水池垫层(水泥稳石硝)清单工程量计算范围(尺寸单位:mm)

(4)垫层(混凝土),清单编码 010501001001,按设计图示尺寸(图 5-89)以体积计算

$$V=3.14\times(0.8+0.1)\times(0.8+0.1)\times0.2=0.509(\mathrm{m}^3)$$

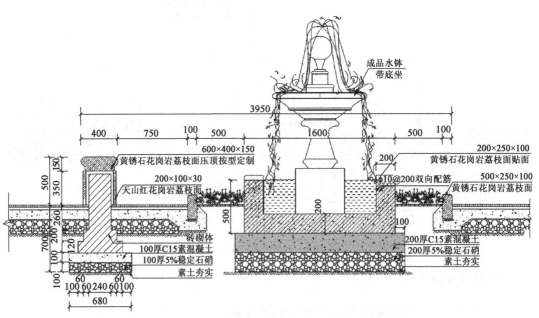

图 5-89　水池垫层(混凝土)清单工程量计算范围(尺寸单位:mm)

(5)其他构件(混凝土池槽),清单编码 010507007001。其他构件清单计算规则为:①按设计图示尺寸(图 5-90)以体积计算;②以座计量,按设计图示数量计算。

本案例选择以体积计算。

$$V=3.14\times0.8\times0.8\times0.5-3.14\times(0.8-0.2)\times(0.8-0.2)\times(0.5-0.2)=0.666(\text{m}^3)$$

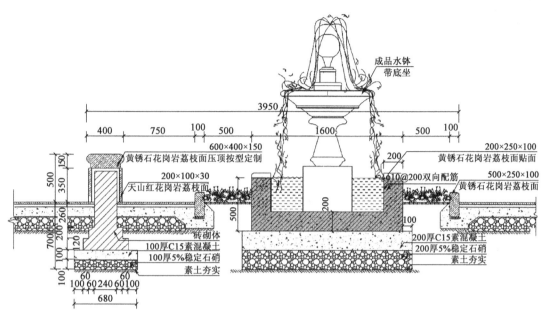

图 5-90　其他构件(混凝土池槽)清单工程量计算范围(尺寸单位:mm)

（6）现浇构件钢筋(ϕ10)，清单编码 01051500001，不计量。

（7）石材零星项目(水池饰面)，清单编码 011108001001。石材零星项目(水池饰面)工程量清单计算规则为:按设计图示尺寸(图 5-91)以面积计算。

$$S=3.14\times(1.6-0.2)\times0.2=0.879(\text{m}^2)$$

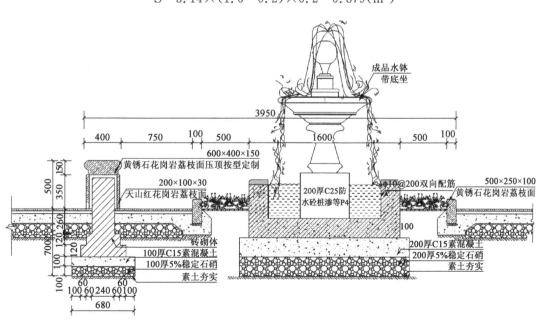

图 5-91　水池饰面清单工程量计算范围(尺寸单位:mm)

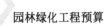

（五）塑料、铁艺、金属椅（成品带伞座椅）

塑料、铁艺、金属椅清单工程量计算规则为：按设计图示数量计算。清单编码050305010001。

三 编制喷泉清单（表5-10）

分部分项工程量清单与计价表（喷泉）   表5-10

工程名称：   标段：   第 页 共 页

序号	项目编码	项目名称	项目特征描述	计量单位	工程量	金额（元）		
						综合单价	合价	其中 暂估价
1	050201001001	地面铺装	1.600×600×20 黄锈石花岗岩烧面45%%d斜铺 2.400×200×30 黄锈石花岗岩荔枝面 3.600×300×20 芝麻白花岗岩烧面按弧型切割 4.100 厚混凝土换为"商品混凝土 碎石40 C15" 5.100 厚5%水泥稳定石硝 6.整理土基路床，园路土基，整理路床	m²	33.13			
2	010404002001	景墙（小挡墙）	1.600×400×150 黄锈石花岗岩荔枝面（R50 压顶 按型定制） 2.200×100×30 天山红花岗岩荔枝面（立面） 3.100 厚C15 素混凝土垫层 4.100 厚5%稳定石硝	段	1			
3	050307016002	花池	1.500×250×100 黄锈石花岗岩荔枝面 2.20 厚1：3 水泥砂浆黏结 3.100 厚C15 混凝土 4.素土夯实	m	8.478			
4			喷泉树池部分					
4.1	010101002001	一般挖土方	1.土壤类别：三类土 2.弃土运距：50m	m³				
4.2	010103001001	回填方	素土回填、夯实	m³				
4.3	010404001001	垫层（水泥稳定碎石）	200 厚5%稳定石硝	m²	2.543			
4.4	010501001001	垫层	200 厚C15 混凝土垫层	m³	0.509			
4.5	010507007001	其他构件（水池混凝土池槽）	C20 现浇混凝土池槽	m³	0.666			
4.6	01051500001	现浇构件钢筋	1.φ10@200 双向配筋	t				

序号	项目编码	项目名称	项目特征描述	计量单位	工程量	综合单价	合价	其中 暂估价
4.7	011108001001	石材零星项目(水池饰面)	1. 200×250×100 黄锈石花岗岩荔枝面 2. 20厚1:3水泥砂浆黏结	m²	0.879			
5	050305010001	塑料、铁艺、金属椅(成品带伞座椅)		个	2			

四 编制说明

(1)本案例中未提供详细图纸的,对清单项没有进行完整描述。

(2)本案例中图纸不详细的清单项也未计量。

(3)本案例是综合性的:①引导学生学习图纸会审,提出图纸不详细的地方,这个工作在实际工程中较常见,需要甲乙双方沟通解决;②分项工程都不是孤立的,喷泉工程的命名以喷泉为主,周边还有园路、景观工程等,列项时需要仔细读图。

第十一节　木平台工程

一 识图列项

识图(图5-92~图5-101)可知木平台清单列项如下:

园路,清单编码050201001001

樟子松防腐木平台构造做法同园路,故按园路编制清单。

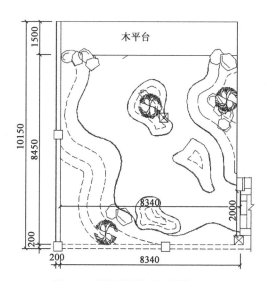

图5-92　庭院平面图(尺寸单位:mm)

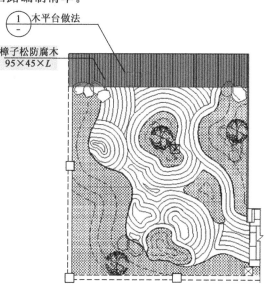

图5-93　挖土方清庭院索引图(尺寸单位:mm)

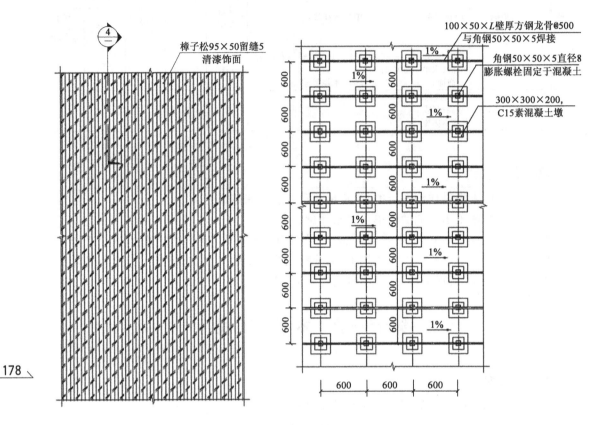

5-94 防腐木地面标准段平面图(尺寸单位:mm)　　图 5-95　防腐木地面标准段龙骨布置平面图(尺寸单位:mm)

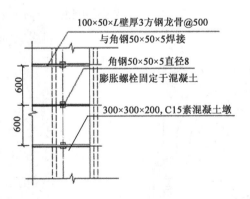

图 5-96　防腐木地面收边处龙骨布置平面图一(尺寸单位:mm)

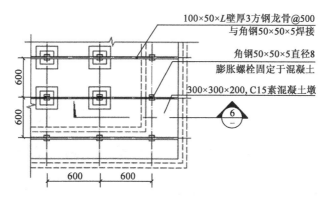

图 5-97　防腐木地面收边处龙骨布置平面图二(尺寸单位:mm)

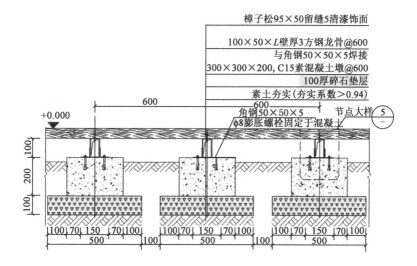

图 5-98　防腐木地面剖面图(尺寸单位:mm)

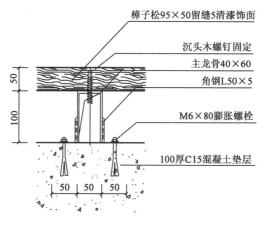

图 5-99　防腐木节点大样图一(尺寸单位:mm)

179

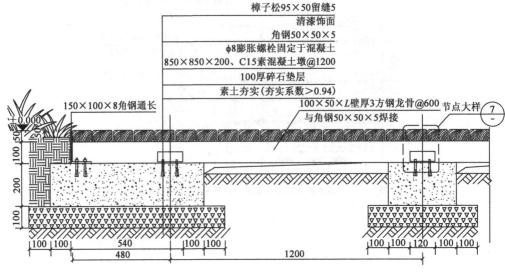

图 5-100　防腐木地面剖面图二(尺寸单位:mm)

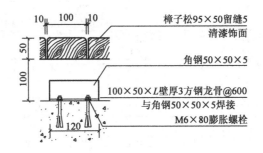

图 5-101　防腐木节点大样图二(尺寸单位:mm)

二 计算清单工程量

园路清单工程量计算方法:①按图示尺寸计算;②CAD 量取。

园路(木平台)工程量清单计算规则为:按设计图示尺寸(图 5-102)以面积计算。

$$S=8.34\times1.5=12.51(\text{m}^2)$$

三 计算计价工程量

(一)园路土基整理

园路土基整理定额工程量计算规则为:按设计图示(图 5-103)尺寸以建筑物首层建筑面积计算,则

$$S=8.34\times1.5=12.51(\text{m}^2)$$

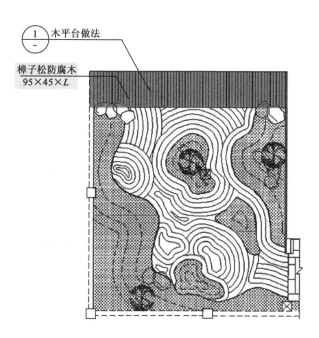

图 5-102　木平台清单工程量计算范围(尺寸单位:mm)

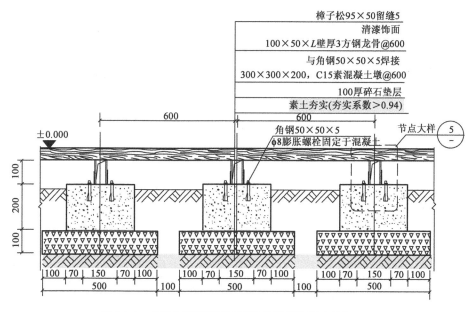

图 5-103　园路土基整理计价工程量计算范围(尺寸单位:mm)

(二)碎石垫层

碎石垫层定额工程量计算规则为:按设计图示尺寸(图 5-104)以体积计算

$$V_{垫}=0.5×0.5×0.1×\left[(8.4÷0.6+1)×(1.5÷0.6+1)_{取整}\right]=0.5×0.5×0.1×60$$

$$=1.5(m^3)$$

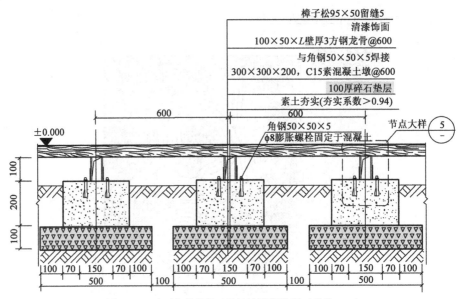

图 5-104　碎石垫层计价工程量计算范围(尺寸单位:mm)

(三)C15 混凝土垫层

C15 混凝土垫层定额工程量计算规则为:按设计图示尺寸(图 5-105)以体积计算,则

$$V=(0.07+0.15+0.07)\times(0.07+0.15+0.07)\times0.2\times60(基础数量)=1.009(m^3)$$

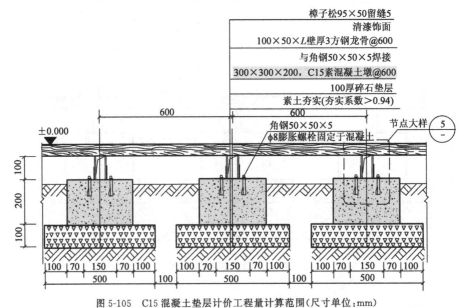

图 5-105　C15 混凝土垫层计价工程量计算范围(尺寸单位:mm)

(四)轻钢地龙骨

轻钢地龙骨定额工程量计算规则为:按设计图示尺寸(图 5-106)以水平投影面积计算,则

$$S=8.34\times1.5=12.51(m^2)$$

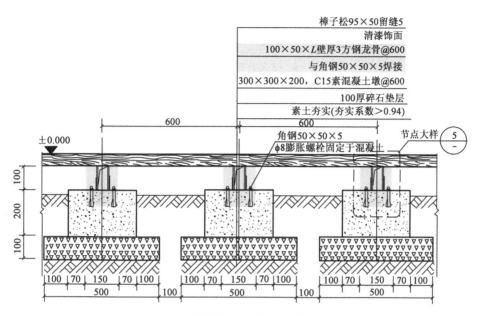

图 5-106　轻钢地龙骨计价工程量计算范围(尺寸单位:mm)

(五)樟子松木地板

樟子松木地板定额工程量计算规则:按设计图示尺寸(图 5-107)以面积计算,则

$$S = 8.34 \times 1.5 = 12.51 (\mathrm{m}^2)$$

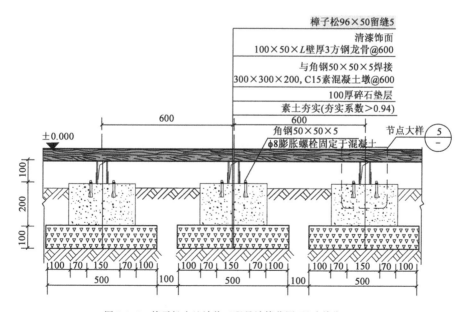

图 5-107　樟子松木地计价工程量计算范围(尺寸单位:mm)

(六)清漆饰面

清漆饰面定额工程量计算规则为:按设计图示尺寸(图 5-108)以面积计算,则

$$S=8.34\times1.5=12.51(\text{m}^2)$$

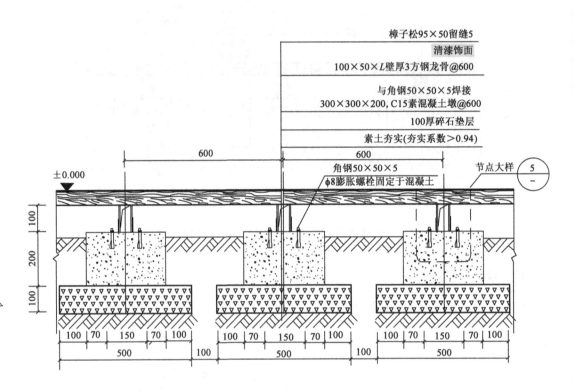

图 5-108　清漆饰面清单工程量计算范围(尺寸单位:mm)

(四) 编制木平台清单(表 5-11)

分部分项工程量清单与计价表(木平台)　　　　　　　　　　　　　表 5-11

工程名称:　　　　　　　　　　　标段:　　　　　　　　　　第　页　共　页

序号	项目编码	项目名称	项目特征描述	计量单位	工程量	金额(元)		
						综合单价	合价	其中 暂估价
1	020104002001	园路(樟子松木平台)	1.素土夯实密实度 0.93 2.100mm 厚碎石垫层 3.100mm 厚 C15 混凝土 4.80mm×40mm×3mm 厚钢龙骨@600 5.L×95mm×50mm 樟子松防腐木 6.清漆饰面	m²	12.51			

五 计算综合单价(表 5-12)

表 5-12

工程量清单综合单价分析表

工程名称： 　　　　　　标段： 　　　　　　第　页 共　页

项目编码	050201001001	项目名称	樟子松防腐木平台	计量单位	m²

清单综合单价组成明细　　　　　　清单综合单价组成明细

定额编号	定额名称	定额单位	数量	单价(元)				合价(元)			
				人工费	材料费	机械费	管理费和利润	人工费	材料费	机械费	管理费和利润
E2-1	整理土基路床　园路土基整理路床	10m²	0.1	36			1.55	3.6			0.16
E2-6	园路垫层　碎石　干铺	m³	0.1	68	121.35	7.63	8.47	6.8	12.14	0.76	0.85
E2-12 换	园路垫层　混凝土换为"商品混凝土 C15"	m³	0.1	123.2	341.19	30.91	21.3	12.32	34.12	3.09	2.13
借 B1-225 换	木地台　轻钢地龙骨	100m²	0.01	3206.08	1182.51		487.86	32.06	11.83		4.88
借 B1-236	木地板、复合地板　木地板铺在木龙骨上平口	100m²	0.01	1703.23	23957.78	193.29	835.16	17.03	239.58	1.93	8.35
E5-70	使用商品混凝土和商品砂浆　扣减现场混凝土搅拌	m³	−0.102	72.8		11.18	3.61	−7.43		−1.14	−0.37
人工单价(元/工日)			小计					64.39	297.66	4.65	15.99

普工	技工	高级技工	未计价材料费	
42	48	60	清单项目综合单价	382.68

材料费明细	主要材料名称、规格、型号	单位	数量	单价(元)	合价(元)	暂估单价(元)	暂估合价(元)
	商品混凝土碎石 20C15	m³	0.102	330	33.66		
	碎(砾)石	m³	0.11	80	8.8		
	中(粗)沙	m³	0.029	115	3.34		
	95mm×50mm 樟子松防腐木	m³	1.1	215	236.5		
	其他材料费			—	15.36	—	
	材料费小计			—	297.66	—	

◀ **课堂练习题** ▶

1.参考本省或本地区定额完成案例一综合单价计算。

2.根据本省或本地区当时当地的人材机信息价完成案例一清单报价。

◀ **复习思考题** ▶

1.定额计价与清单计价有何不同?

2.清单列项有何技巧?

3.怎样才能正确组价综合单价?

4.如何审核分部分项工程费计算中出现的问题?

5.如何对分部分项工程的项目特征进行描述?

6.改错题:找出根据以下木亭子施工图编制的工程量清单中出现的错误并改正,同时参考教材中的计价工程量计算指导,使用本地区园林工程消耗量定额计算计价工程量。

第一步:识图列项

识图(图5~109~图5-125)可知木亭子清单列项如下。

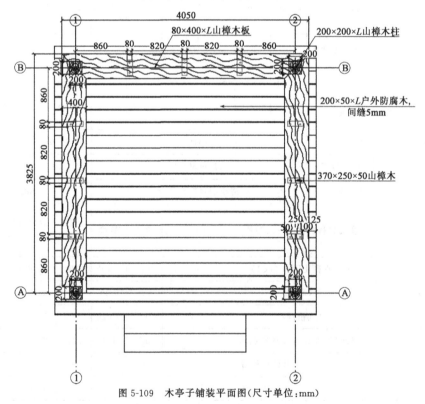

图 5-109　木亭子铺装平面图(尺寸单位:mm)

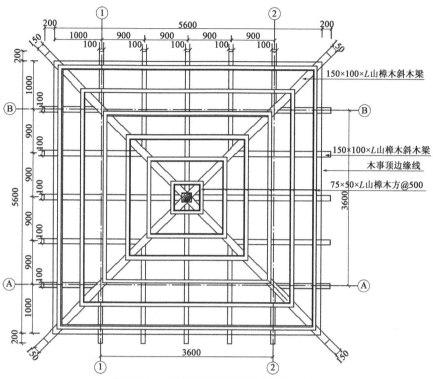

图 5-110　木亭子屋顶平面图(尺寸单位:mm)

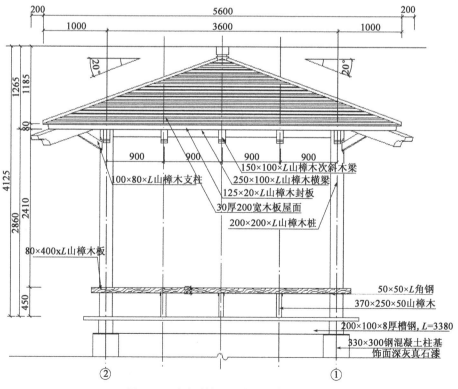

图 5-111　木亭子轴立面图(尺寸单位:mm)

第五章　园林绿化工程案例指导

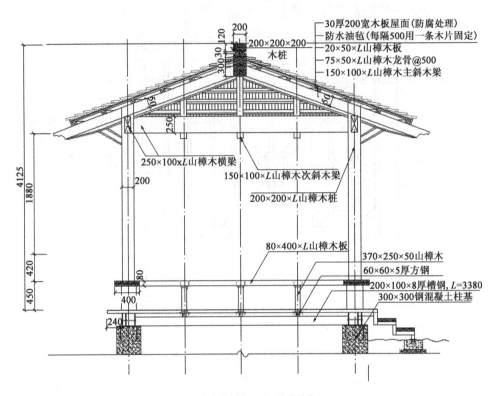

图 5-112　木亭子剖立面图(尺寸单位:mm)

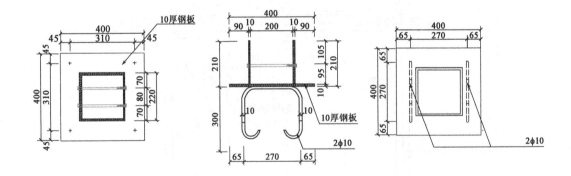

图 5-113　木亭子预埋件一(尺寸单位:mm)

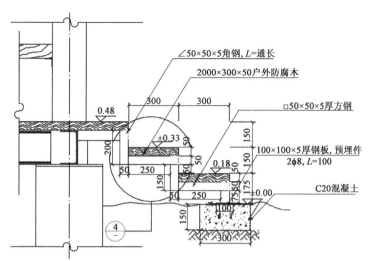

图 5-114　木亭踏步剖面图(尺寸单位:mm,标高单位:m)

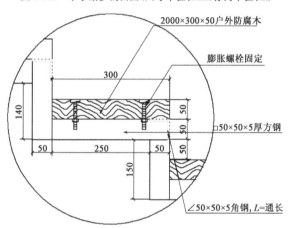

图 5-115　木亭子大样图(尺寸单位:mm)

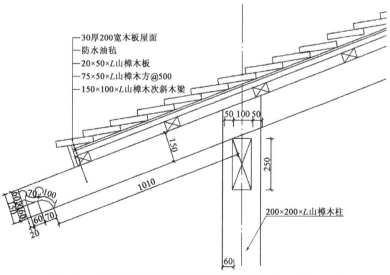

图 5-116　木亭子次斜木梁与斜支柱连接点剖面图(尺寸单位:mm)

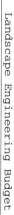

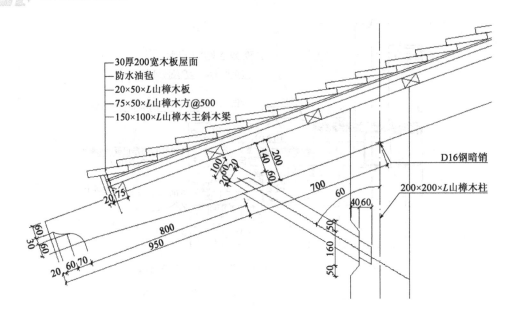

图 5-117　木亭子主斜木梁与斜支柱连接点剖面图(尺寸单位：mm)

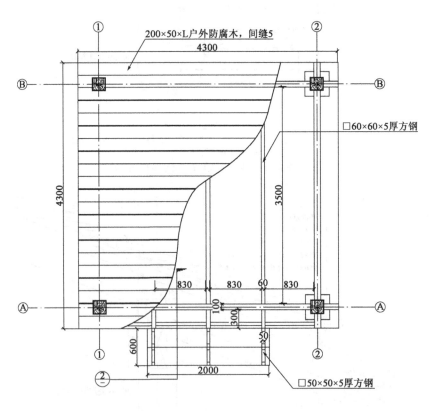

图 5-118　木亭子底面钢结构平面图(尺寸单位：mm)

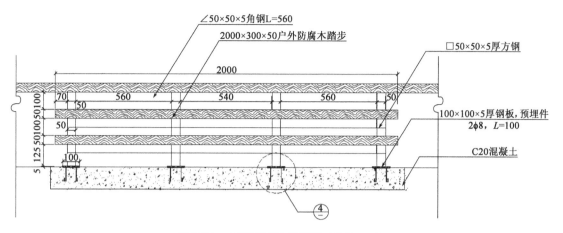

图 5-119　木亭踏步正立面图(尺寸单位:mm)

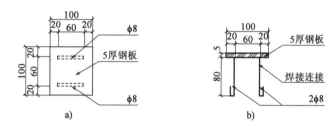

图 5-120　木亭子预埋件二(尺寸单位:mm)

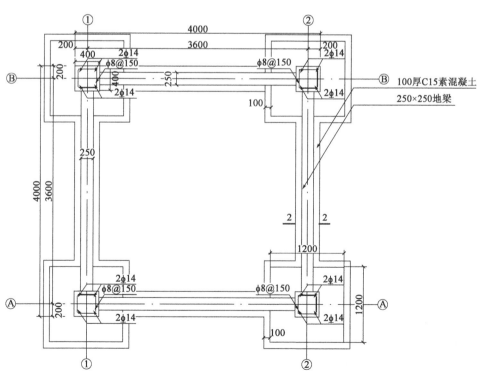

图 5-121　木亭基础结构平面图(尺寸单位:mm)

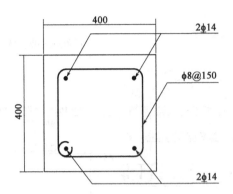

图 5-122　木亭子柱 1-1 配筋图(尺寸单位:mm)

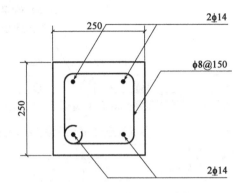

图 5-123　地梁 2-2 配筋图(尺寸单位:mm)

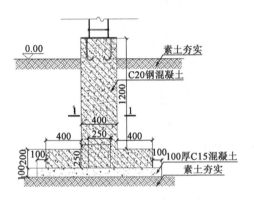

图 5-124　木亭基础结构大样图(尺寸单位:mm)

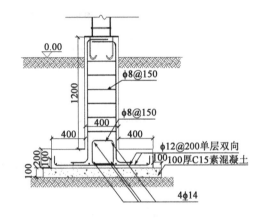

图 5-125　木亭基础结构配筋图(尺寸单位:mm)

(1)基础部分

①挖一般土方,清单编码 010101002001;

②回填方,清单编码 010103001001;

③垫层(混凝土),清单编码 010501001001;

④现浇矩形柱,清单编码 010502001001;

⑤现浇混凝土钢筋,清单编码 010515001001;

⑥现浇混凝土钢筋,清单编码 010515001002;

⑦现浇混凝土钢筋,清单编码 010515001003;

⑧基础梁,清单编码 010503001001;

⑨预埋铁件,清单编码 010516002001。

(2)防腐木踏步

竹木地板(樟子松防腐木踏步),清单编码 011104002001。

(3)防腐木地面

竹木地板(樟子松防腐木地面),清单编码 011104002002。

(4)防腐木坐凳

樟子松防腐木坐凳,清单编码 050305003001。

(5)亭子木构件

①木花架柱、梁,清单编码 050304003001。

②木花架柱、梁,清单编码 050304003002。

③木花架柱、梁,清单编码 050304003003。

(6)亭屋面

木(防腐木)屋面(防腐木屋面),清单编码 050303009001。

(7)亭脚手架

亭脚手架,清单编码 050401003001。

第二步:计算清单工程量

清单工程量计算方法:①按图示尺寸计算;②CAD 量取。

(1)挖一般土方

挖土方工程量清单计算规则为:按设计图示尺寸(图 5-126)以基础垫层底面积乘以挖土深度计算,则

$$V=(0.1+0.2+1.2-0.33)\times[(0.2+0.4)\times2+0.25]\times[(0.2+0.4)\times2+0.25]\times4$$
$$=9.84(m^3)$$

(2)(二)回填方

回填土工程量清单计算规则为:挖方体积减去自然地坪以下埋设的基础体积(包括基础垫层及其他构筑物)(图 5-127),则

$$V_{填}=V_{挖}-V_{构件}$$
$$=9.84-[1.4\times1.4\times0.1+1.2\times1.2\times0.2+(1.2-0.33)\times0.4\times0.4]\times4$$
$$=7.155(m^3)$$

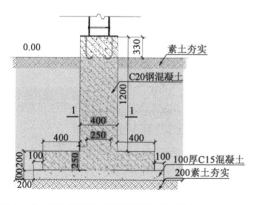

图 5-126 挖土方清单工程量计算范围(尺寸单位:mm)

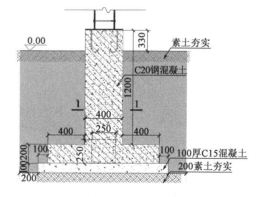

图 5-127 回填土清单工程量计算范围(尺寸单位:mm)

(3)C15 混凝土垫层

混凝土垫层及钢筋混凝土基础工程量清单计算规则为:按设计图示尺寸(图 5-128、图 5-129)以体积计算,则

$$V=1.4\times1.4\times0.1\times4+1.2\times1.2\times0.2\times4=1.936(m^3)$$

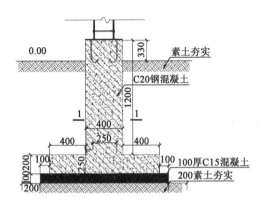

图 5-128　混凝土垫层及钢筋混凝土基础清单工程量
计算范围一(尺寸单位:mm)

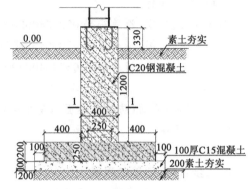

图 5-129　混凝土垫层及钢筋混凝土基础清单工程量
计算范围二(尺寸单位:mm)

(4)矩形柱

矩形柱工程量清单计算规则为:按设计图示尺寸(图 5-130)以体积计算,则

$$V=0.4\times0.4\times1.2\times4=0.768(m^3)$$

(5)现浇混凝土钢筋 ϕ12 以内

现浇混凝土钢筋工程量清单计算规则为:按设计图示尺寸(图 5-131)以重量计算,则

$$T=0.01(t)$$

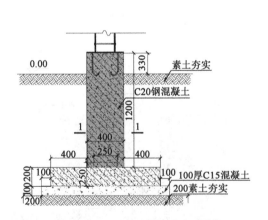

图 5-130　矩形柱清单工程量计算范围(尺寸单位:mm)

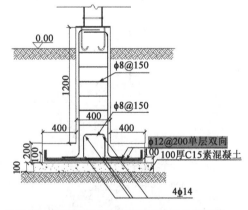

图 5-131　现浇混凝土钢筋清单工程量计算范围一
(尺寸单位:mm)

(6)现浇混凝土钢筋 Φ14 以内

现浇混凝土钢筋工程量清单计算规则为:按设计图示尺寸(图 5-132)以重量计算,则

$$T=0.03(t)$$

(7)现浇混凝土钢筋 ϕ8 以内

现浇混凝土钢筋工程量清单计算规则为:按设计图示尺寸(图 5-133)以重量计算,则

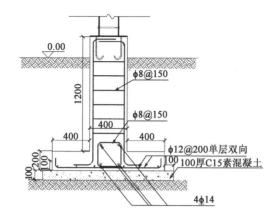

图 5-132 现浇混凝土钢筋清单工程量计算范围二(尺寸单位:mm)

$$T = 0.05(t)$$

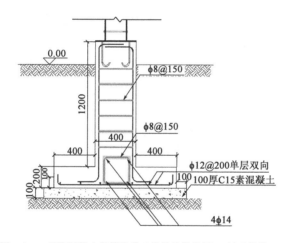

图 5-133 现浇混凝土钢筋清单工程量计算范围三(尺寸单位:mm)

(8)基础梁

现浇混凝土基础梁工程量清单计算规则为:按设计图示尺寸(图 5-134、图 5-135)以体积计算,则

$$V = 0.25 \times 0.25 \times (3.6 - 0.2 \times 2) \times 4 = 0.64(m^3)$$

(9)预埋铁件

预埋铁件工程量清单计算规则为:按设计图示尺寸(图 5-136、图 5-137)以重量计算,则

$$T = 0.01(t)$$

(10)樟子松防腐木地面

樟子松防腐木地面工程量清单计算规则为:按设计图示尺寸(图 5-138)以水平投影面积计算,则

$$S = 4.3 \times 4.3 = 18.49(m^2)$$

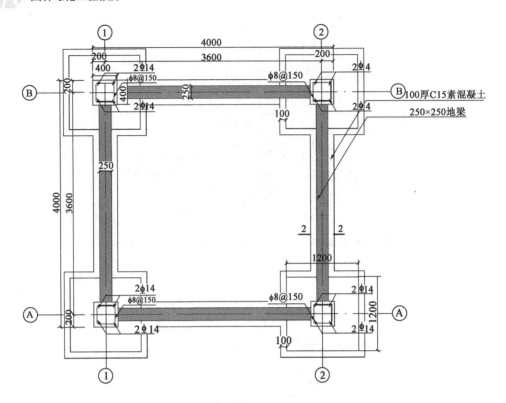

图 5-134 现浇混凝土基础梁清单工程量计算范围一(尺寸单位:mm)

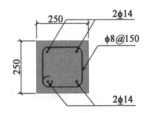

图 5-135 现浇混凝土基础梁清单工程量计算范围二(尺寸单位:mm)

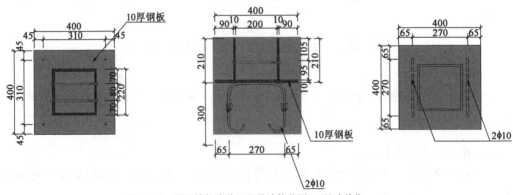

图 5-136 预埋铁件清单工程量计算范围一(尺寸单位:mm)

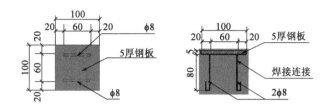

图 5-137　预埋铁件清单工程量计算范围二(尺寸单位:mm)

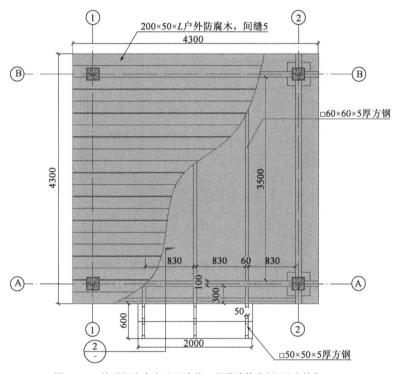

图 5-138　樟子松防腐木地面清单工程量计算范围(尺寸单位:mm)

(11)樟子松防腐木踏步

樟子松防腐木踏步工程量清单计算规则为:按设计图示尺寸(图 5-139、图 5-140)以水平投影面积计算,则

$$S=2\times0.6=1.2(\text{m}^2)$$

(12)樟子松防腐木坐凳

樟子松防腐木坐凳工程量清单计算规则为:按设计图示尺寸(图 5-141)以平方米计算,则

$$S=3.6\times4\times0.4=5.76(\text{m}^2)$$

(13)木花架柱、梁(编码 050304003001)

木花架柱、梁工程量清单计算规则为:按设计图示尺寸(图 5-142、图 5-143)以体积计算,则

$$V=(0.45+2.41+0.25+0.18)\times0.2\times0.2\times4=0.526(\text{m}^3)$$

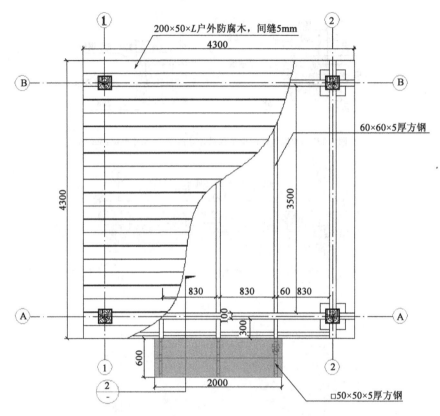

图 5-139　樟子松防腐木踏步清单工程量计算范围一(尺寸单位：mm)

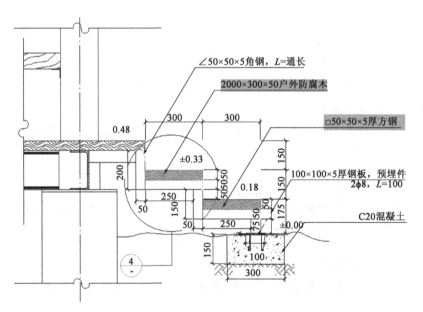

图 5-140　樟子松防腐木踏步清单工程量计算范围二(尺寸单位：mm)

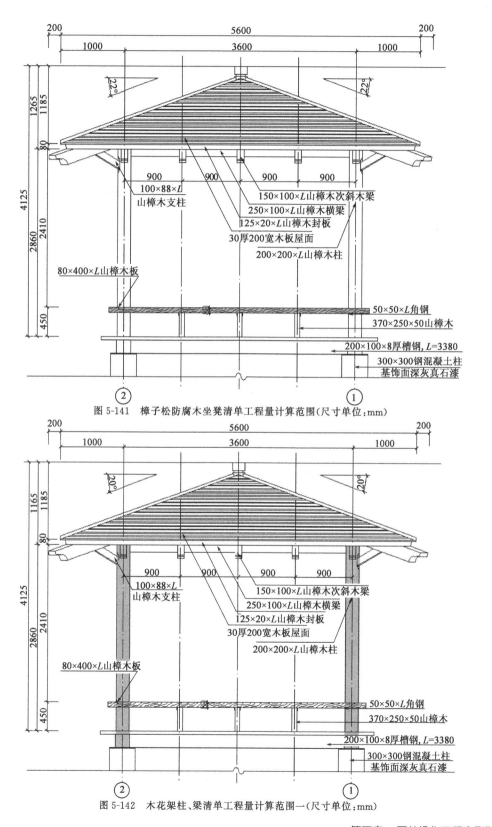

图 5-141　樟子松防腐木坐凳清单工程量计算范围(尺寸单位:mm)

图 5-142　木花架柱、梁清单工程量计算范围一(尺寸单位:mm)

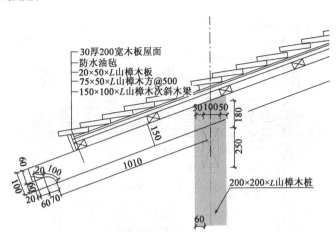

30厚200宽木板屋面
防水油毡
20×50×L山樟木板
75×50×L山樟木方@500
150×100×L山樟木次斜木梁

200×200×L山樟木桩

图 5-143　木花架柱、梁清单工程量计算范围二(尺寸单位:mm)

(14)木花架柱、梁(编码 050304003002)

木花架柱、梁工程量清单计算规则为:按设计图示尺寸(图 5-144)以体积计算,则

$$V=1.52(\text{m}^3)(\text{CAD 量取})$$

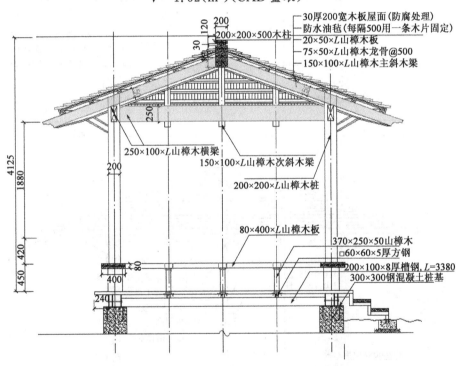

30厚200宽木板屋面(防腐处理)
防水油毡(每隔500用一条木片固定)
20×50×L山樟木板
75×50×L山樟木龙骨@500
150×100×L山樟木主斜木梁

200×200×500木柱

250×100×L山樟木横梁
150×100×L山樟木次斜木梁
200×200×L山樟木桩

80×400×L山樟木板

370×250×50山樟木
□60×60×5厚方钢
200×100×8厚槽钢,L=3380
300×300钢混凝土桩基

图 5-144　木花架柱、梁清单工程量计算范围三(尺寸单位:mm)

(15)木花架柱、梁(编码 050304003003)

木花架柱、梁工程量清单计算规则为:按设计图示尺寸(图 5-145)以体积计算,则

$$V=2.78(\text{m}^3)(\text{CAD 量取})$$

(16)防腐木屋面

防腐木屋面工程量清单计算规则为:按设计图示尺寸(图 5-146、图 5-147)以平方米计算,则

$$S=11.65(\text{m}^2)(\text{CAD 量取})$$

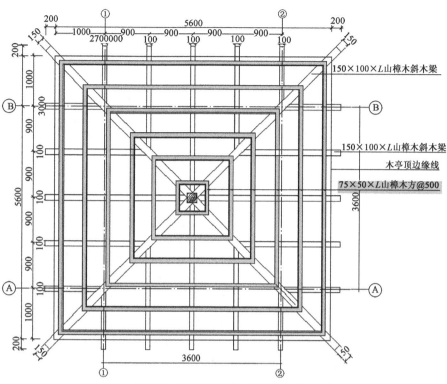

图 5-145　木花架柱、梁清单工程量计算范围四(尺寸单位：mm)

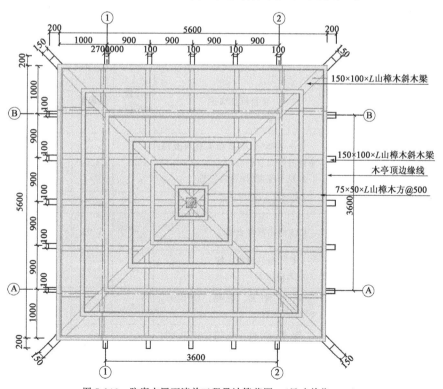

图 5-146　防腐木屋面清单工程量计算范围一(尺寸单位：mm)

第五章　园林绿化工程案例指导

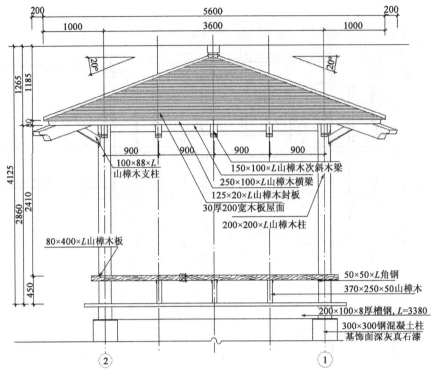

图 5-147　防腐木屋面清单工程量计算范围二(尺寸单位:mm)

第三步:编制木亭子清单(表 5-13)

分部分项工程量清单与计价表(木亭子)　　　　　　　　　表 5-13

工程名称:　　　　　　　　　　　　标段:　　　　　　　　　第　　页　共　　页

序号	项目编码	项目名称	项目特征描述	计量单位	工程量	金额(元)		
						综合单价	合价	其中暂估价
1	010101002001	挖一般土方	1.土壤类别:根据相关资料及现场勘查情况自行确定 2.挖土深度:详见施工图	m³	14.54			
2	010103001001	回填方	原土回填夯实	m³	18.64			
3	010501001001	垫层(混凝土)	C15 商品混凝土垫层	m³	2.03			
4	010502001001	矩形柱	1.C20 商品混凝土柱 2.木模板木	m³	1.65			
5	010515001001	现浇混凝土钢筋	钢筋种类、规格:HPB235、Φ12mm 以内	t	0.01			
6	010515001002	现浇混凝土钢筋	钢筋种类、规格:HRB400、Φ14mm 以内	t	0.03			
7	010515001003	现浇混凝土钢筋	钢筋种类、规格:HPB235、Φ8mm以内	t	0.05			

序号	项目编码	项目名称	项目特征描述	计量单位	工程量	金额(元)		
						综合单价	合价	其中 暂估价
8	010516002001	基础梁	C20 商品混凝土基础梁	m³	0.9			
9	010417002002	预埋铁件	400×400×10 预埋板	t	0.01			
10	011104002001	樟子松防腐木地面	1.50×50×5 厚方钢龙骨 2.2000×300×50 户外防腐木踏步	m²	18.49			
11	011104002002	樟子松防腐木踏步	1.60×60×5 厚方钢龙骨 2.防腐木地面	m²	1.2			
12	050305003001	樟子松防腐木坐凳	1.60×60×5 厚方钢龙骨 2.防腐木地面	m²	4.86			
13	050304003001	木花架柱、梁	防腐山樟木支柱、木支柱	m³	0.61			
14	050304003002	木花架柱、梁	防腐山樟木横梁、斜木梁	m³	1.52			
15	050304003003	木花架柱、梁	防腐山樟木檩条、木方、木封板	m³	2.78			
16	050303009001	防腐木屋面	1.防水油毡(每隔 500 用一条木片固定) 2.30 厚 200 宽山樟木板屋面(防腐处理)	m²	11.65			
17	050401003001	亭脚手架	1.钢管扣件单排脚手架 2.檐口高 3.23m	—	—			

203

附 录 A
工程计价文件封面

A.1 招标工程量清单封面

_____工程

招标工程量清单

招 标 人：_____

（单位盖章）

造价咨询人：_____

（单位盖章）

年   月   日

A.2 招标控制价封面

_____工程

招标控制价

招 标 人：_____

（单位盖章）

造价咨询人：_____

（单位盖章）

年　　月　　日

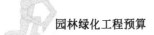

A.3 投标总价封面

_____工程

投 标 总 价

招 标 人：_____

（单位盖章）

年 月 日

A.4 竣工结算书封面

_____工程

竣工结算书

发 包 人：_____

（单位盖章）

承 包 人：_____

（单位盖章）

造价咨询人：_____

（单位盖章）

年　　月　　日

A.5 工程造价鉴定意见书封面

_____工程

编号：×××[2×××] ××号

工程造价鉴定意见书

造价咨询人：_____

（单位盖章）

年　　月　　日

附录 B
工程计价文件扉页

B.1 招标工程量清单扉页

_____工程

招标工程量清单

招　标　人：_____

（单位盖章）

法定代表人
或其授权人：_____

（签字或盖章）

编　制　人：_____

（造价人员签字盖专用章）

编制时间：　年　月　日

造价咨询人：_____

（单位资质专用章）

法定代表人
或其授权人：_____

（签字或盖章）

复　核　人：_____

（造价工程师签字盖专用章）

复核时间：　年　月　日

B.2 招标控制价扉页

_____工程

招标控制价

招标控制价(小写):_____

(大写):_____

招 标 人：_____   造价咨询人：_____

(单位盖章)   (单位资质专用章)

法定代表人   法定代表人

或其授权人：_____   或其授权人：_____

(签字或盖章)   (签字或盖章)

编 制 人：_____   复 核 人：_____

(造价人员签字盖专用章)   (造价工程师签字盖专用章)

编制时间： 年 月 日   复核时间： 年 月 日

B.3 投标总价扉页

投 标 总 价

招 标 人：_____

工 程 名 称：_____

投标总价(小写)：_____

　　　(大写)：_____

投 标 人：_____

(单位盖章)

法定代表人
或其授权人：_____

(签字或盖章)

编 制 人：_____

(造价人员签字盖专用章)

时 　 间：　　　　　年　　月　　日

B.4 竣工结算总价扉页

_____工程

竣工结算总价

签约合同价(小写):_____ (大写):_____

竣工结算价(小写):_____ (大写):_____

发 包 人:_____   承 包 人:_____   造价咨询人:_____

　　(单位盖章)　　　　　(单位盖章)　　　　　(单位资质专用章)

法定代表人　　　　　　法定代表人　　　　　　法定代表人

或其授权人:_____   或其授权人:_____   或其授权人:_____

　　(签字或盖章)　　　　(签字或盖章)　　　　　(签字或盖章)

编 制 人:_____   核 对 人:_____

　　(造价人员签字盖专用章)　　　　　(造价工程师签字盖专用章)

编制时间:年　月　日　　　　　　核对时间:　年　月　日

_____工程

工程造价鉴定意见书

鉴定结论：

造价咨询人：_____

（盖单位章及资质专用章）

法定代表人：_____

（签字或盖章）

造价工程师：_____

（签字盖专用章）

年　　　月　　　日

附录 C
工程计价总说明

总 说 明

工程名称：

第 页 共 页

附录 D
工程计价汇总表

建设项目招标控制价/投标报价汇总表

工程名称：

序号	单项工程名称	金额(元)	其中:(元)		
			暂估价	安全文明施工费	规费
合 计					

注:本表适用于建设项目招标控制价或投标报价的汇总。

单项工程招标控制价/投标报价汇总表

工程名称：   第 页 共 页

序号	单项工程名称	金额(元)	其中：(元)		
			暂估价	安全文明施工费	规费
合　计					

注：本表适用于单项工程招标控制价或投标报价的汇总，暂估价包括分部分项工程中的暂估价和专业工程暂估价。

单位工程招标控制价/投标报价汇总表

表 D-3

工程名称：　　　　　　　　标段：　　　　　　　　第　页　共　页

序　号	汇 总 内 容	金额(元)	其中:暂估价(元)
1	分部分项工程		
1.1			
1.2			
1.3			
1.4			
1.5			
2	措施项目		—
2.1	其中:安全文明施工费		—
3	其他项目		—
3.1	其中:暂列金额		—
3.2	其中:专业工程暂估价		—
3.3	其中:计日工		—
3.4	其中:总承包服务费		—
4	规费		—
5	税金		—
招标控制价合计＝1＋2＋3＋4＋5			

注:本表适用于单位工程招标控制价或投标报价的汇总,如无单位工程划分,单项工程也试用本表汇总。

建设项目竣工结算汇总表　　　　　　　　　　　　　　表 D-4

工程名称：　　　　　　　　　　　　　　　　　　　　　　第　页　共　页

序　号	单项工程名称	金额(元)	其中:(元)	
			安全文明施工费	规费
合　计				

单项工程竣工结算汇总表

工程名称：

序　号	单项工程名称	金额(元)	其中：(元)	
			安全文明施工费	规费
合　计				

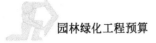

单位工程竣工结算汇总表

工程名称：　　　　　　　　　标段：　　　　　　　　　第 页共 页

序　号	汇 总 内 容	金 额 （元）
1	分部分项工程	
1.1		
1.2		
1.3		
1.4		
1.5		
2	措施项目	
2.1	其中:安全文明施工费	
3	其他项目	
3.1	其中:专业工程结算价	
3.2	其中:计日工	
3.3	其中:总承包服务费	
3.4	其中:索赔与现场签证	
4	规费	
5	税金	
竣工结算总价合计＝1＋2＋3＋4＋5		

注:如无单位工程划分,单项工程也使用本表汇总。

附 录 E
分部分项工程和措施项目计价表

分部分项工程和单价措施项目清单与计价表

表 E-1

工程名称：　　　　　　　　　　标段：　　　　　　　　　第 页 共 页

序号	项目编码	项目名称	项目特征描述	计量单位	工程量	金额（元）		其中
						综合单价	合价	暂估价
本页小计								
合　计								

注：为计取规费等的使用，可在表中增设其中："定额人工费"。

综合单价分析表　　　　　　　　　　　　　　表 E-2

工程名称：　　　　　　　　　标段：　　　　　　　　　　　第 页 共 页

项目编码					项目名称			计量单位			工程量	

清单综合单价组成明细

定额编号	定额项目名称	定额单位	数量	单价				合价			
				人工费	材料费	机械费	管理费和利润	人工费	材料费	机械费	管理费和利润

人工单价		小　　计				
元/工日		未计价材料费				
清单项目综合单价						

	主要材料名称、规格、型号	单位	数量	单价（元）	合价（元）	暂估单价（元）	暂估合价（元）
材料费明细							
	其他材料费			—		—	
	材料费小计			—		—	

注:1.如不使用省级或行业建设主管部门发布的计价依据,可不填定额编号、名称等。
　　2.招标文件中提供了暂估单价的材料,按暂估的单价填入表内"暂估单价"栏及"暂估合价"栏。

222

综合单价调整表 表 E-3

工程名称： 标段： 第 页 共 页

序号	项目编码	项目名称	已标价清单综合单价(元)					调整后综合单价(元)				
			综合单价	其中				综合单价	其中			
				人工费	材料费	机械费	管理费和利润		人工费	材料费	机械费	管理费和利润

造价工程师(签章)： 发包人代表(签章)： 造价人员(签章)： 承包人代表(签章)：

日期： 日期：

223

注：综合单价调整后附调整依据。

总价措施项目清单与计价表 表 E-4

工程名称： 标段： 第 页 共 页

序号	项目编码	项目名称	计算基础	费率(%)	金额(元)	调整费率(%)	调整后金额(元)	备注
		安全文明施工费						
		夜间施工增加费						
		三次搬运费						
		冬雨季施工增加费						
		已完工程及设备保护费						
		合 计						

编制人(造价人员)： 复核人(造价工程师)：

注：1."计算基础"中安全文明施工费可为"定额基价""定额人工费"或"定额人工费＋定额机械费"，其他项目可为"定额人工费"或"定额人工费＋定额机械费"。

2.按施工方案计算的措施费，若无"计算基础"和"费率"的数值，也可只填"金额"数值，但应在备注栏说明施工方案出处或计算方法。

附录 F
其他项目计价表

其他项目清单与计价汇总表　　表 F-1

工程名称：　　　　　　　　标段：　　　　　　　　第 页 共 页

序　号	项目名称	金额(元)	结算金额(元)	备　注
1	暂列金额			明细详见表 12-1
2	暂估价			
2.1	材料(工程设备)暂估价/结算价	—		明细详见表 12-2
2.2	专业工程暂估价/结算价			明细详见表 12-3
3	计日工			明细详见表 12-4
4	总承包服务费			明细详见表 12-5
5	索赔与现场签证	—		明细详见表 12-6
合　计				

注：材料(工程设备)暂估单价进入清单项目综合单价，此处不汇总。

暂列金额明细表　　表 F-2

序　号	项目名称	计量单位	暂定金额(元)	备　注
1				
2				
3				
4				
5				
6				
7				
8				
9				
10				
11				
合　计				

工程名称：　　　　　　　　标段：　　　　　　　　第 页 共 页

注：此表由招标人填写，如不能详列，也可只列暂定金额总额，投标人应将上述暂列金额计入投标总价中。

材料(工程设备)暂估单价及调整表

工程名称：　　　　　　　　　　标段：　　　　　　　　　　第　页　共　页

序号	材料(工程设备) 名称、规格、型号	计量 单位	数量		暂估(元)		确认(元)		差额±(元)		备注
			暂估	确认	单价	合价	单价	合价	单价	合价	
合　计											

注:此表由招标人填写"暂估单价",并在备注栏说明暂估价的材料、工程设备拟用在那些清单项目上,投标人应将上述
材料、工程设备暂估单价计入工程量清单综合单价报价中。

专业工程暂估价及结算价表

工程名称：　　　　　　　　　　标段：　　　　　　　　　　第　页　共　页　

序号	工程名称	工程内容	暂估金额(元)	结算金额(元)	差额±(元)	备注
合　计						

注:此表"暂估金额"由招标人填写,投标人应将"暂估金额"计入投标总价中,结算时按合同约定结算金额填写。

计 日 工 表   表 F-5

工程名称：   标段：   第 页 共 页

编号	项目名称	单位	暂定数量	实际数量	综合单价（元）	合价(元)	
						暂定	实际
一	人工						
1							
2							
3							
4							
人工小计							
二	材料						
1							
2							
3							
4							
5							
6							
材料小计							
三	施工机械						
1							
2							
3							
4							
施工机械小计							
四	企业管理费和利润						
总计							

注:此表项目名称、暂定数量由招标人填写,编制招标控制价时,单价由招标人按有关计划规定确定;投标时,单价由投标人自主报价,按暂定数量计算合价计入投标总价中。结算时,按发承包双方确认的实际数量计算合价。

总承包服务费计价表

工程名称： 标段： 第 页 共 页

序号	项目名称	项目价值(元)	服务内容	计算基础	费率(%)	金额(元)
1	发包人发包专业工程					
2	发包人提供材料					
	合计	—	—	—	—	

注:此表项目名称、服务内容由招标人填写,编制招标控制价时,费率及金额由招标人按有关计划规定确定;投标时,费率及金额有投标人自主报价,计入投标总价中。

索赔与现场签证计价汇总表

工程名称： 标段： 第 页 共 页

序号	签证及索赔项目名称	计量单位	数量	单价(元)	合价(元)	索赔及签证依据
—	本页小计	—	—	—		—
—	合计	—	—	—		—

注:签证及索赔依据是指双方认可的签证单和索赔依据的编号。

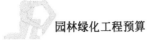

费用索赔申请(核准)表

表 F-8

工程名称: 标段: 编号:

致:_____(发包人全称)

    根据施工合同条款_____条的约定,由于_____原因,我方要求索赔金额(大写)(小写_____),请予以核准。

附:1.费用索赔的详细理由和依据:

    2.索赔金额的计算:

    3.证明材料:

承包人(章)

造价人员_____   承包人代表_____   日 期_____

复核意见:

    根据施工合同条款_____条的约定,你方提出的索赔申请经复核:

□不同意此项索赔,具体意见见附件。

□同意此项索赔,索赔金额的计算,由造价工程师复核。

监理工程师_____

日 期_____

复核意见:

    根据施工合同条款_____条的约定,你方提出的费用索赔申请经复核,索赔金额为(大写)(小写_____)。

造价工程师_____

日 期_____

228

审核意见:

□不同意此项索赔。

□同意此项索赔,与本期进度款同期支付。

发包人(章)

发包人代表_____

日 期_____

注:1.在选择栏中的"□"内做标示"√"。

    2.本表一式四份,由承包人填报,发包人、监理人、造价咨询人、承包人各存一份。

工程名称：　　　　　　　　　　标段：　　　　　　　　　编号：

施工部位		日期	

致：_____（发包人全称）

　　根据_____（指令人姓名）年　月　日的口头指令或你方_____（或监理人）年　月　日的书面通知，我方要求完成此项工作应支付价款金额为（大写）_____（小写_____），请请予核准。

附：1.签证事由及原因：

　　2.附图及计算公式：

承包人（章）

造价人员_____　　承包人代表_____　　日　期

复核意见：

你方提出的此项签证申请经复核：

□　不同意此项签证，具体意见见附件。

□　同意此项签证，签证金额的计算，由造价工程师复核。

监理工程师_____

日　期_____

复核意见：

□　此项签证按承包人中标的计日工单价计算。金额为（大写）_____元，（小写_____元）。

□　此项签证因无计日工单价，金额为（大写）_____元，（小写_____元）。

造价工程师_____

日　期_____

审核意见：

□　不同意此项签证。

□　同意此项签证，价款与本期进度款同期支付。

发包人（章）

发包人代表_____

日　期_____

注：1.在选择栏中的"□"内作标识"√"。

　　2.本表一式四份，有承包人在收到发包人（监理人）的口头或书面通知后填写，发包人、监理人、造价咨询人、承包人各存一份。

229

附 录 G
规费、税金项目计价表

工程名称：　　　　　　　标段：　　　　　　　第 页 共 页

序号	项目名称	计算基础	计算基数	计算费率(%)	金额(元)
1	规费	定额人工费			
1.1	社会保险费	定额人工费			
(1)	养老保险费	定额人工费			
(2)	失业保险费	定额人工费			
(3)	医疗保险费	定额人工费			
(4)	工伤保险费	定额人工费			
(5)	生育保险费	定额人工费			
1.2	住房公积金	定额人工费			
1.3	工程排污费	按工程所在地环境保护部门收取标准,按实计入			
2	税金	分部分项工程费＋措施项目费＋其他项目费＋规费－按规范定不计税的工程设备金额			
合 计					

编制人(造价人员)：　　　　　　　　　　　　复核人(造价工程师)：

230

附 录 H
工程计量申请(核准)表

工程名称：　　　　　　　　　　标段：　　　　　　　　　　　第　页　共　页

序号	项目编码	项目名称	计量单位	承包人申报数量	发包人核实数量	发承包人确认数量	备注

承包人代表：　　　监理工程师：　　　造价工程师：　　　发包人代表：

日期：　　　　　　日期：　　　　　　日期：　　　　　　日期：

附 录 I
合同价款支付申请(核准)表

预付款支付申请(核准)表 表 I-1

工程名称：　　　　　　　　标段：　　　　　　　　编号：

致：_____(发包人全称)

我方根据施工合同的约定,现申请支付工期预付款额为(大写)_____(小写_____),请予核准。

序号	名称	申请金额(元)	复核金(元)	备注
1	已签约合同价款金额			
2	其中:安全文明施工费			
3	应支付的预付款			
4	应支付的安全文明施工费			
5	合计应支付的预付款			

承包人(章)

造价人员_____　　承包人代表_____　　日期_____

复核意见： □　与合同约定不相符合,修改意见见附件。 □　与合同约定相符,具体金额由造价工程师复核。 　　监理工程师_____ 　　日　　期_____	复核意见： 你方提出的支付申请经复核,应支付预付款金额为(大写)_____(小写_____)。 　　　　造价工程师_____ 　　　　日　　期_____

审核意见：
□　不同意。
□　同意,支付时间为本表签发后的15天内。

发包人(章)
发包人代表_____
日　　期_____

注:1.在选择栏中的"□"内作标识"√"。
　　2.本表一式四份,由承包人填报,发包人、监理人、造价咨询人、承包人各存一份。

总价项目进度款支付分解表

表 I-2

工程名称：　　　　　　　　　　　标段：　　　　　　　　　　　单位:元

序号	项目名称	总价金额	首次支付	二次支付	三次支付	四次支付	五次支付
	安全文明施工费						
	夜间施工增加费						
	二次搬运费						
	社会保险费						
	住房公积金						
合　计							

编制人（造价人员）：　　　　　　　　　　复核人（造价工程师）：

注:1.本表应由承包人在投标报价时根据发包人在招标文件明确的进度款支付周期与报价填写,签订合同时,发承包双
方可就支付分解协商调整后作为合同附件。

2.单价合同使用本表,"支付"栏时间应与单价项目进度款支付周期相同。

3.总价合同使用本表,"支付"栏时间应与约定的工程计量周期相同。

进度款支付申请(核准)表

表 I-3

工程名称：　　　　　　　　　　　　标段：　　　　　　　　　　　　编号：

致：_____（发包人全称）

我方于_____至_____期间已完成了_____工作，根据施工合同的约定，现申请支付本周期的合同款额为(大写)_____(小写_____)，请予核准。

序号	名称	实际金额(元)	申请金额(元)	复核金额(元)	备注
1	累计已完成的合同价款			—	
2	累计已实际支付的合同价款			—	
3	本周期合计完成单价项目的金额				
3.1	本周期已完成单价项目的金额				
3.2	本周期应支付的总价项目的金额				
3.3	本周期已完成的计日工价款				
3.4	本周期应增加的合同价款				
3.5	本周期应增加的合同价款				
4	本周期合计应扣减的金额				
4.1	本周期应抵扣的预付款				
4.2	本周期应扣减的金额				
5	本周期应支付的合同价款				

附：上述 3、4 详见附件清单。

承包人(章)

造价人员_____　　承包人代表_____　　日期_____

复核意见：

□　　与实际施工情况不相符合，修改意见见附件。
　　　与实际施工情况相符，具体金额由造价工程师复核。

　　　　　　　监理工程师_____
　　　　　　　日　　期_____

复核意见：

　　你方提出的支付申请经复核，本周期已完成合同款额为(大写)_____(小写_____)，本周期应支付金额为（大写）_____（小写_____）。

　　　　　　　造价工程师_____
　　　　　　　日　　期_____

审核意见：

□　　不同意。
□　　同意，支付时间为本表签发后的 15 天内。

发包人(章)
发包人代表_____
日　　期_____

注：1. 在选择栏中的"□"内作标识"√"。
　　2. 本表一式四份，由承包人填报，发包人、监理人、造价咨询人、承包人各存一份。

工程名称： 标段： 编号：

致：_____(发包人全称)

我于_____至_____期间已完成了合同约定的工作,工程已完工,根据施工合同的约定,现申请支付竣工结算合同款额为(大写)_____(小写_____),请予核准。

序号	名称	申请金额(元)	复核金额(元)	备注
1	竣工结算合同价款总额			
2	累计已实际支付的合同价款			
3	应预留的质量保证金			
4	应支付的竣工结算金额			

承包人(章)

造价人员_____ 承包人代表_____ 日期_____

复核意见：
□ 与实际施工情况不相符合,修改意见见附件。
□ 与实际施工情况相符,具体金额由造价工程师复核。

监理工程师_____
日　　期_____

复核意见：
你方提出的竣工结算款支付申请经复核,竣工结算总额为（大写）_____（小写_____）,扣除前期支付以及质量保证金后应支付金额为(大写)_____(小写_____)。

造价工程师_____
日　　期_____

审核意见：
□ 不同意。
□ 同意,支付时间为本表签发后的 15 天内。

发包人(章)
发包人代表_____
日　　期_____

注：1.在选择栏中的"□"内作标识"√"。
　　2.本表一式四份,由承包人填报,发包人、监理人、造价咨询人、承包人各存一份。

最终结清支付申请(核准)表

表 I-5

工程名称: 　　　　　　　　标段: 　　　　　　　　编号:

致:　　　　　　　　　　　　　　　　　　　　　(发包人全称)

　　我方于　　　　　至　　　　　期间已完成了缺陷修复工作,根据施工合同的约定,现申请支付最终结清合同款额
为(大写)　　　　　(小写　　　　　),请予核准。

序号	名称	申请金额(元)	复核金额(元)	备注
1	已预留的质量保证金			
2	应增加因发包人原因造成缺陷的修复金额			
3	应扣减承包人不修复缺陷、发包人组织修复的金额			
4	最终应支付的合同价款			

　　附:上述3、4详见附件清单。

承包人(章)

造价人员　　　　　　　　承包人代表　　　　　　　　日期　　　　　　

复核意见:
□　　与实际施工情况不相符合,修改意见见附件。
□　　与实际施工情况相符,具体金额由造价工程师复核。

监理工程师　　　　　　
日　　期　　　　　　

复核意见:
你方提出的支付申请经复核,最终应支付金额为(大写)　　　　　　　　(小写　　　　　)。

造价工程师　　　　　　
日　　期　　　　　　

审核意见:
□　　不同意。
□　　同意,支付时间为本表签发后的15天内。

发包人(章)
发包人代表　　　　　　
日　　期　　　　　

注:1.在选择栏中的"□"内作标识"√"。如监理人已退场,监理工程师可空缺。
　　2.本表一式四份,由承包人填报,发包人、监理人、造价咨询人、承包人各存一份。

附 录 J
主要材料、工程设备一览表

工程名称：　　　　　　　　标段：　　　　　　　第　页　共　页

序号	材料(工程设备)名称、规格、型号	单位	数量	单价(元)	交货方式	送达地点	备注

注：此表由招标人填写，供投标人在投标报价、确定总承包服务费时参考。

承包人提供主要材料和工程设备一览表

（适用于造价信息差额调整法）　　　　　　　　表 J-2

工程名称：　　　　　　　　　标段：　　　　　　　　第　页　共　页

序号	名称、规格、型号	单位	数量	风险系数（%）	基准单价（元）	投标单价（元）	发承包人确认单价（元）	备注

注：1. 此表由招标人填写除"投标单价"栏的内容，投标人在投标时自主确定投标单价。

　　　2. 招标人应优先采用工程造价管理机构发布的单价作为基准单价，未发布的，通过市场调差确定其基准单价。

承包人提供主要材料和工程设备一览表

（适用于价格指数差额调整法）　　　　　　　　表 J-3

工程名称：　　　　　　　　　标段：　　　　　　　　第　页　共　页

序号	名称、规格、型号	变值权重 B	基本价格指数 F_0	现行价格指数 F_t	备注
定值权重 A			—	—	
合　计		1	—	—	

注：1. "名称、规格、型号""基本价格指数"栏由招标人填写，基本价格指数应首先采用工程造价管理机构发布的价格指数，没有时，可采用发布的价格代替。如人工、机械费也采用本发调整，由招标人在"名称"栏填写。

　　　2. "变值权重"栏由投标人根据该项人工、机械费和材料、工程设备价值在投标总报价中所占的比例填写，1减去其他比例为定值权重。

　　　3. "现行价格指数"按约定的付款证书相关周期最后一天的前42天的各项价格指数填写，该指数应首先采用工程造价管理机构发布的价格指数，没有时，可采用发布的价格代替。

参 考 文 献

[1] 中华人民共和国住房和城乡建设部.GB 50500—2013 建设工程工程量清单计价规范 [S].北京:中国计划出版社,2013.

[2] 中华人民共和国住房和城乡建设部.GB 50854—2013 园林绿化工程工程量计算规范 [S].北京:中国计划出版社,2013.

[3] 湖北省建筑工程标准定额管理总站.湖北省园林绿化工程消耗量定额及单位估价表[M]. 武汉:长江出版社,2009.

[4] 湖北省建筑工程标准定额管理总站.湖北省建筑安装工程费用定额[M].武汉:长江出版 社,2013.

[5] 湖北省建筑工程标准定额管理总站.湖北省建设工程计价定额标准说明[M].武汉:长江 出版社,2013.

239